Inhalt

Vorwort

In unserer hoch technisierten Welt bedeutet die Haltung und Pflege eines Haustiers ein wenig Lebensphilosophie, und außerdem schärft dieser ständige Kontakt zum Tier unseren Sinn und unser Verständnis für die Natur- und Tierwelt. Dies mag wohl auch der Grund dafür sein, dass in den letzten Jahren immer mehr Menschen sich ein Tier im Haus oder Garten halten. Vor allem die Papageien, die mit ihrer oft abenteuerlichen Farbenpracht und „geschwätzigen Intelligenz" schon seit Jahrhunderten die Menschen faszinieren, zählen hierbei mit zu den Favoriten. Bei aller Begeisterung darf aber nicht übersehen werden, dass es für jeden Neuling auf dem Gebiet der Papageienhaltung eine Verpflichtung ist, vor der Anschaffung eines Tieres sich genau und ausführlich über seine Wesensart und Pflegebedürfnisse zu informieren.

Diesem Zweck soll dieses Büchlein dienen, das sich als eine grundlegende Einführung in die Haltung der Papageien und Sittiche versteht. Es möchte den „Anfänger" mit allen notwendigen Einzelheiten im Umgang mit Papageien vertraut machen und ihm die wichtigen Papageien- und Sitticharten vorstellen.

Hochdorf, im Frühjahr 1987
Dieter Hoppe

Wo beginnt heute die anspruchsvolle und tiergerechte Haltung von Papageien? Die österreichische Tierschutzombudstelle hat sich mit dieser Frage eingehend befasst und stellt fest, dass großes Wissen und viel Zeit vorhanden sein muss, um allen Ansprüchen der Papageien gerecht zu werden. Ausreichende und variable Beschäftigungsmöglichkeiten, die Zusammenstellung einer abwechslungsreichen und vielseitigen Nahrung und eine adäquate Unterbringung müssen das Wohlbefinden der Tiere stetig gewährleisten. Eine hervorzuhebende Forderung der Organisation ist die Empfehlung nach einer Gruppenhaltung der Papageien – die Einzelhaltung soll verboten werden. Verständlich, leben doch Papageien in Familienverbänden oder Schwärmen. Diese natürliche Lebensgemeinschaft ist die wesentlich Stütze für das „papageiische" Wohlbefinden. Versuchen wir doch deshalb noch mehr diesen Anforderungen gerecht zu werden.

Der Handel mit Papageien wird zukünftig sehr begrenzt sein. Der Beschluss des EU-Komitees für die Lebensmittelkette und Tiergesundheit (SCFCAH), das ursprünglich zeitlich begrenzte Importverbot für wild gefangene Ziervögel ab Juli 2007 dauerhaft fortzuführen, wird die Importe von wildgefangenen Papageien nicht mehr zulassen. Ich wünsche mir deshalb sehr, dass die Halter von Papageien sich nun noch mehr um die erfolgreiche Fortpflanzung dieser Tiere bemühen, so dass wir weiterhin mit viel Freude neben häufig gehaltenen Wellensittichen auch viele andere Papageienarten bewundern können.

Esslingen, Herbst 2007
Dieter Hoppe

Was sind Papageien?

Jeder von uns kennt Sittiche, Kakadus, Aras, Loris und andere „Krummschnäbel“. Sind diese verschiedenen Gattungen überhaupt miteinander verwandt? Tatsächlich gehört ein Wellensittich ebenso zur Tierordnung der Papageien wie z. B. ein Hyazinthara oder eine Blaustirnamazone. Es spielt keine Rolle, ob das Tier einen kurzen oder langen Schwanz hat, ob es klein oder groß ist, ob es ein Körner- oder Nektarfresser ist, ob es eine Federhaube oder keine hat; all diese verschiedenen Gattungen und Arten sind Papageien.

Die wichtigsten Kennzeichen

Papageien bilden eine Gruppe bzw. Einheit von Vögeln, die sich gegenüber Vogelarten anderer Ordnungen klar abgrenzt.

Jeder Laie kann einen Papageienvogel sofort eindeutig bestimmen. Besonders typisch ist der Schnabel, gebogen – wuchtig – rund, ein Erkennungsmerkmal, das die wenigsten Vogelarten vorweisen.

Ein weiteres papageientypisches Indiz, das allerdings auch bei einigen anderen Vogelfamilien auftritt, sind die zwei nach hinten und zwei nach vorn gerichteten Zehen; gute Greiforgane, mit denen es sich besonders in Verbindung mit dem Schnabel bestens klettern lässt.

Farbige Gefiederpracht zeichnet nicht unbedingt jede Papageienart aus. Sicherlich, viele Arten aus der Gruppe sehen aus, als ob sie gerade in den Farbkasten gefallen wären. Man findet wirklich abenteuerliche Farbzusammenstellungen, vom leuchtenden Rot bis zum auffallenden Lila. Andere dagegen besitzen eine eher schlichte Gefiederfärbung, so z. B. die beiden Vasapapageien (*Coracopsis nigra* und *Coracopsis vasa*), deren Gefieder düster grauschwarz ist. Andere wiederum haben sich der Umgebung ihres Lebensraums angepasst, wie der Bourkesittich (*Neopsephotus bourkii*), der in den inneraustralischen Trockengebieten vorkommt und sich mit seiner rosabraunen Gefiederfärbung kaum von der rötlich-braunen Umgebung abhebt. So zieht jeder Papagei einen praktischen Nutzen aus seinem farblich gestalteten Federkleid.

Die Ordnung Papageien im zoologischen System

Papageien nehmen im Zoologischen Ordnungssystem einen etwas isolierten Platz ein, da sie keinerlei verwandtschaftliche Beziehungen zu den anderen Vogelgruppen erkennen lassen. Wissenschaftler ordnen Papageien in der systematischen Rangfolge meistens vor den Eulenvögeln (Strigiformes) oder Kuckucksvögeln (Cuculiformes) ein und stellen ihnen die Taubenvögel (Columbiformes) voran.

Die Ordnung der Papageien (Psittaciformes) umfasst knapp 360 Arten, die sich in über 700 Unterarten aufsplittern. Eine solche Art bildet z. B. der Wellensittich *(Melopsittacus undulatus)*, der Nymphensittich *(Nymphicus hollandicus)*, die Gelbscheitelamazone *(Amazona ochrocephala)* oder der Graupapagei *(Psittacus erithacus)*, um nur einige anzuführen. Eine Stufe niederer im Ordnungssystem steht die Unterart, auch geografische Rasse oder Subspecies genannt. So gliedert sich eben zitierte Gelbscheitelamazone, die in Zentral- und im nördlichen Südamerika verbreitet ist, ehemals in neun Formen auf. Durch räumliche Abtrennung oder Ausbreitung kann eine ursprünglich zusammenhängende Population in mehrere Gruppen zerfallen, die sich dann im Laufe der Zeit auseinander entwickeln. Die abgesprengten Gruppen können neue Dialekte ausbilden, kleiner oder größer werden, andere Gefiederzeichnungen herausbilden und andere Verhaltensmuster entwickeln. Wenn man dazu die Gelbscheitelamazone *(Amazona ochrocephala)* betrachtet (nach ehemaliger Systematik), so wird man feststellen, dass sich die nördlichste Form, die in Teilen Mexikos verbreitete Gelbkopfamazone *(Amazona ochrocephala oratrix)*, sehr stark von der im nördlichen Südamerika heimischen Surinam-Amazone *(Amazona ochrocephala ochrocephala)* unterscheidet. Die mexikanische Unterart ist wesentlich größer, als bei der südlichen Form ausgebreitete Gelb am Vorderkopf ist bei ihr von intensiverer Färbung und dehnt sich über den ganzen Kopf bis zum Nacken aus. Andere Gefiederpartien weichen ebenfalls in der Färbung etwas ab, außerdem ist ihr Schnabel hell hornfarben und an der Spitze nicht grau. Wenn sich eine Art in zwei oder mehrere Unterarten aufsplittet, so wird die zuerst beschriebene geografische Rasse als Nominatform oder nominative Form bezeichnet – so z. B. ist die nominative Form der Gelbscheitelamazone die *Amazona ochrocephala ochrocephala* = Surinam-Amazone.

Es gibt verschiedene Papageienarten, die sich in mehrere Unterarten aufgliedern. Manchmal ist es sogar schwierig zu entscheiden, ob eventuell die eine oder andere Unterart nicht als eigenständige Art zu betrachten ist.

Die Papageienart, die die meisten Unterarten hervorbringt, ist der Allfarblori *(Trichoglossus haematodus)*, der in Australien, Neuguinea und den umliegenden Inseln verbreitet ist. Bei ihm unterscheidet man 20 Unterarten.

Die nächst höhere Kategorie der so genannten zoologischen Nomenklatur ist die Gattung (Genus). In ihr werden die Arten zusammengefasst, die enge verwandtschaftliche Beziehungen erkennen lassen. Die Gattung der Amazonen *(Amazona)* setzt sich z. B. aus den 31 rezenten (lebenden) Amazonenarten zusammen.

Bei der wissenschaftlichen Benennung wird der Gattungsname stets der Artenbezeichnung vorangestellt; z. B. *Amazona aestiva* für die Blaustirnamazone, oder *Amazona amazonica* für die Venezuela-Amazone. Und wenn der Wissenschaftler von *Aratinga*-Species spricht, so meint er damit die Arten aus der Gattung *Aratinga* (Eigentliche Keilschwanzsittiche).

Die verwandten Gattungen werden wiederum zusammengefasst und so genannten Familien (Familia) unterstellt. Nach der systematischen Liste von Wolters teilen sich die etwa 360 Papageienarten in 11 Familien auf, wobei zusätzlich noch Untergruppen, wie z. B. die Subfamilia unterschieden werden. Die 11 Familien bilden die Ordnung Papageien. Und hier ein Beispiel für dieses Ordnungs- und Gliederungssystem:

Der wissenschaftliche Name für eine Tierart ist immer die eindeutigste Bezeichnung, da in der zoologischen Ordnung jede Tierart ihren eigens festgelegten Namen trägt. Nachdem es im Deutschen für einige Papageienarten verschiedene Namen gibt – z. B. nennt man den Arakanga-Ara *(Ara macao)* auch Hellroter Ara –, ist dann nur die wissenschaftliche Bezeichnung eindeutig.

Über die Lebensweise der Papageien

Die nahezu 360 Papageienarten sind von einigen Ausnahmen abgesehen in tropischen und subtropischen Klimagebieten der Erde zu Hause. Die größte Vielfalt an Arten findet sich im ozeanisch-tropischen Bereich von Australien und Neuguinea. In den südasiatischen Regionen besteht dagegen, wie auch in Afrika, eher eine Artenarmut. In Amerika ist das Artenpotential wieder sehr umfangreich, allein in Brasilien leben etwa 70 verschiedene Papageienarten. In Europa sind Papageien nicht verbreitet, doch lebten sie auch vor vielen tausend Jahren in den subtropischen Wäldern unseres Kontinents. So fanden sich fossile Knochenteile von Papageien aus dieser Zeit in Zentralfrankreich. Durch die Klimaverschiebung und andere Umwelteinflüsse verschwanden sie aus europäischen Breiten.

Die Lebensräume der Papageien sind äußerst vielgestaltig. Die Papageien verstanden es in ihrer lange Entwicklungsgeschichte in vortrefflicher Weise, sich alle im Verbreitungsgebiet vorkommenden Biotopformen zu erschließen. So sind sie in den tropischen Regenwäldern in Neuguinea oder im Amazonasgebiet Südamerikas ebenso zuhause, wie in extremen Trockengebieten, wie sie im Inneren Australiens oder auch in Teilen Afrikas sowie Zentral- und Südamerikas vorkommen. Einige wenige Papageienarten oder -unterarten leben in Regionen am Rande der Schneefallgrenze, wie etwa der Kea *(Nestor notabilis)*, der auf Neuseelands Südinsel heimisch ist; als ein Vertreter der subalpinen Buschwälder und Grasfluren, wandert er nur in langen, besonders schneereichen Wintern in die ewas tiefer gelegenen Täler ab.

Eine weitere Extremform finden wir in einigen Arten der Gattung der Dickschnabelsittiche; z. B. steigt der Andensittich *(Bolborhynchus orbygnesius)* in Peru bei günstiger Wetterlage bis in eine Höhe von über 6000 m auf. Im Süden Chiles und Argentiniens ist der Smaragdsittich *(Enicognathus ferrugineus)* verbreitet, der im Südsommer teilweise bis zur Südspitze der Insel Feuerland zieht, um dort zu brüten. Und der Chinasittich *(Psittacula derbiana)*, eine asiatische Papageienart, ist im tibetanischen Himalaya-Gebiet bis zu einer Höhe von 4000 m anzutreffen. Wie man deutlich sieht, sind die Verbreitungsgebiete der Papageien nicht nur auf die tropischen Wälder und Baumsavannen begrenzt. Diese Tatsache spielt bei der Haltung in Käfigen und Volieren eine wichtige Rolle.

Wer die Lebensweise der Papageien betrachtet, wird bei ihnen interessante Formen des Verhaltens feststellen, die sie von vielen Vogelarten aus anderen Ordnungen unterscheiden. Eine ihrer wesentlichen Eigenschaften ist die Partnertreue der Paare. Vermutlich leben alle Arten – einen sicheren Beweis dafür gibt es allerdings nicht – monogam, d. h. die Paare, die einmal erfolgreich zusammen gebrütet haben, bleiben Zeit ihres Lebens zusammen. Eine weitere auffällige Eigenart im Verhaltensspektrum ist die Neigung der Papageien zur Schwarmbildung. Nach Abschluss der Brutperiode schließen sich Familienverbände zusammen und bilden dann so genannte Nahrungsverbände. So können je nach Art Gruppen von 5 bis 10 000 Exemplaren entstehen. Die Arten der offenen Landschaften – wie Busch- und Grasfluren, Halbwüsten und Baumsavannen – neigen besonders stark zur Bildung von größeren Gruppen. In Australien gehören Schwärme der Arten Gelbhaubenkakadu *(Cacatua galerita)* und Rosakakadu *(Eolophus roseicapillus)* zum alltäglichen Erscheinungsbild. In Asien sind es einige Arten aus der Gattung der Edelsittiche *(Psittacula)*, die sich zu beeindruckend großen Gruppen zusammenfinden. Und ebenso kann man in den offenen Landschaftsräumen Afrikas und Zentral- und Südamerikas solche großen Verbände beobachten. Papageien, die in geschlossenen Lebensräumen – wie Primärwald, Dschungel- und Sekundärurwald – verbreitet sind, bilden außerhalb der Brutzeit nur kleine Gruppen, und oftmals setzen sich diese Familienverbände nur aus 3 bis 6 Exemplaren zusammen.

Vor allem aber lieben die Papageien die Geselligkeit. Beispielsweise benutzen die in Wäldern lebenden Arten über lange Zeiträume hinweg bestimmte „Schlafbäume“, die auch von artgleichen Gruppen gemeinsam benutzt werden. In den späten Nachmittagsstunden fliegen die einzelnen Verbände zu ihren Schlafbäumen und treffen sich dort mit anderen Gruppen zur Übernachtung. Diese Schlafbäume sind in der Regel abseits stehende Urwaldriesen, die die übrige Vegetation merklich übertragen, oder vereinzelt in Sümpfen stehende Bäume, die durch ihren Standort einen gewissen Schutz vor Raubfeinden bieten. Je nach Art und Größe entwickelt sich nach Ankunft der Papageien bis zum Eintritt völliger Dunkelheit ein unglaublicher Lärm. Das Gerangel um die bestehen Übernachtungsplätze erfolgt unter lautem Schreien, und jeder ankommende Trupp bringt erneut Unruhe unter die bereits versammelten Tiere. Ich konnte mich bereits mehrmals an solche Schlafverbände heranschleichen – es waren Amazonengruppen und Edelsittichverbände – und muss sagen, dass dieses Treiben der Papageien, verbunden mit dem unglaublichen Geräuschpegel, ein unvergesslicher Eindruck ist. In den Morgenstunden löst sich die Übernachtungsgesellschaft wieder auf. Die Gruppen, die am Vortage gute Nahrungsgründe erschlossen hatten, entfernen sich zielstrebig. Die Unentschlossenen, die am Vortag wenig Glück bei der Nahrungssuche hatten, fliegen unruhig hin und her, lassen sich aber schließlich zum Mitfliegen animieren.

Der Flug zu den Nahrungsplätzen erfolgt meistens in großer Höhe. Zusammengehörende Paare fliegen dicht beisammen. Die fortwährend ausgestoßenen Kontaktrufe dienen der

Die undurchdringlichen Feuchtwaldgebiete entlang der Flussläufe zentral- und südameriakanischer Tieflandregionen sind ein häufig beanspruchter Lebensraum neotropischer Papageienvögel.

Verständigung und somit zum Zusammenhalt der fliegenden Gruppe. Treffen die Papageien bei ihren Nahrungsbäumen oder -plätzen ein, dann verstummen sie oder lassen nur noch leise Rufe hören. Arten, die man als Baumbewohner bezeichnet, werden jetzt im Kronendach der Bäume Früchte aller Art und Blatt- und Blütenknospen aufnehmen. Die am Boden fressenden Arten lesen die von den Bäumen gefallenen Samenstände auf, fressen aber auch Gras- und Wildkrautsamen sowie Blüten- und Blattknospen von Buschpflanzen. Einige Arten graben nach Wurzeln und unterirdisch reifenden Samenständen. Etwa 2 bis 3 Stunden lang wird ausgiebig gefressen; danach fliegen die Papageien zu einer Wasserstelle, um zu trinken. Verschiedene Arte nutzen diese Gelegenheit, um zugleich ein Bad zu nehmen. Über die Mittagszeit ruhen die Papageien im Kronenbereich hoch gewachsener Bäume, wie z. B. Palmen, und pflegen nebenbei ausgiebig das Gefieder. Hier sitzen die Paare dicht beisammen und auch die Gefiederpflege erfolgt gemeinsam. Während der mittaglichen Ruhezeit sind die Vögel fast nicht zu hören, nur herunterfallender Kot und abgeknabberte Rinden- und Blattstücke verraten ihre Anwesenheit. Am Nachmittag wird dann nochmals ausgiebig gefressen. In den frühen Abendstunden erfolgt der Rückflug zu den Übernachtungsplätzen, wobei an einer günstig

Die Flinders Range, ein Gebirgszug im trockenen Süden Australiens, ergrünt und erblüht nach der kurzen Regenzeit. Dann finden sich auch sehr viele Papageien ein, um sich bei diesen kurzzeitigen, üppigen Lebensbedingungen fortzupflanzen und erfolgreich die Jungen aufzuziehen.

gelegenen Wasserstelle ein kurzer Zwischenhalt zum Trinken eingelegt wird. Große Papageienschwärme können, wenn sie in landwirtschaftlichen Anbaugebieten auf Nahrungssuche gehen, erhebliche Ernteschäden verursachen. Sie werden daher in vielen Regionen unerbittlich verfolgt und gejagt, obwohl sie fast überall gesetzlich geschützt sind.

Papageien sind in ihren natürlichen Verbreitungsgebieten einem periodischen Lebensrhythmus unterworfen. So bestimmen z. B. saisonale Naturabläufe auch die jährliche Brut. Selbst in Regionen mit ständig reichhaltigem Nahrungsangebot ist der Beginn der Brutzeit jedes Jahr auf dieselbe Zeit fixiert, wie sich dies beispielsweise bei den amerikanischen Papageien deutlich erkennen lässt. Im südlichen Brasilien, nördlichen Argentinien sowie in Bolivien und auch Paraguay, in der Region des Amazonasstromgebietes fällt der Brutbeginn in den Dezember. Im nördlichen Südamerika – in Nord-Kolumbien, Venezuela und den Guayana-Staaten – wurde ein Brüten ab Januar, im Küstenbereich der Karibik ab Februar registriert. Der Beginn der Brutzeit verlagert sich, je weiter nördlich das Verbreitungsgebiet liegt, in die Folgemonate, so dass in den nördlichsten Lebensräumen – in Mexiko und auf Kuba sowie einigen Inseln der Bahamas – die Brutzeit erst im Mai einsetzt.

Alle Papageien, abgesehen von den Populationen, die offene Landschaften bewohnen, nehmen während der Brutzeit ein Revier in Anspruch, in dem sie keine artgleichen Konkurrenten dulden. Ich konnte auf Trinidad und in Guayana beobachten, dass z. B. Venezuela-Amazonen *(Amazona amazonica)* während der Brutzeit Reviere von 6 bis 10 km^2 Größe beanspruchen.

Als Höhlenbrüter nehmen Papageien hauptsächlich Nistplätze in Baum- und Astlöchern an. Sind nicht genügend Nistplätze vorhanden, weichen sie auf Löcher und Spalten in Felswänden aus. Der Halsbandsittich *(Psittacula krameri)*, ein Kulturfolger, nistet sogar in Mauerlöchern von Gebäuden. Felsensittiche *(Cyanoliseus)*, die im Süden Südamerikas beheimatet sind, graben sich in lehmigen Uferböschungen Nisthöhlen. Eine andere südamerikanische Papageienart, der Mönchsittich *(Myiopsitta monachus)*, hat eine unübliche Form des Nestbaus entwickelt, er baut vor allem in die Kronen abgestorbener Bäume Reisignester. Dabei tun sich immer mehrere Brutpaare zum Nestbau zusammen, und es entstehen riesengroße Reisigkugeln mit mehreren Metern Durchmesser und einem Gewicht von über 200 kg. Jedes Paar hat in der Reisigkugel seinen eigenen Nestkobel mit Eingangsröhre. Da die Nester durch neue Zweige ständig vergrößert werden, passiert es oftmals, dass die Bäume unter dieser Last zusammenbrechen.

Es gibt sogar Papageienarten, die in Gesellschaft mit Termiten in deren Bau brüten und dort ihre Jungen aufziehen. Einige Arten brüten sogar auf dem Erdboden. Entweder nehmen sie hier Erdlöcher als Nistplätze an, oder sie legen ihre Eier direkt neben einem Grasbüschel ab, ohne sich wesentlich um die Gestaltung der Brutstätte zu kümmern.

So vielseitig, wie der Bau und die Ausstattung des Nistplatzes sein kann, so vielgestaltig ist die Art und Weise der Brutpflege mit den einzelnen Verhaltenselementen, die sie prägen. Hier hat jede Papageienart in ihrer langen Ent-

Einen sehr ungewöhnlichen Nistplatz hat sich dieser Princess-of-Wales-Sittich (Polytelis alexandrae) ausgesucht. Eine einfache Bodenmulde reicht ihm zur Eiablage und zum Brüten.

In den bergigen Regionen SO-Australiens gibt es noch einige Feuchtwälder, in denen noch große Artenvielfalt an Papageien vorhanden ist.

wicklungsgeschichte, und jeweils auf den genutzten Lebensraum zugeschnitten, ihr eigenes Verhaltensmuster entwickelt. Es würde den Rahmen dieser Einführung sprengen, hier die verschiedenen Brutgewohnheiten der Papageien darzustellen, jedoch wird bei der Beschreibung der einzelnen Arten auch über deren Brutbiologie kurz berichtet.

Die Lebensweise frei lebender Papageien wird von vielen sozialen Verhaltenselementen bestimmt. Wem es möglich war, einzelne Papageien oder Papageienpaare oder eventuell sogar Papageienschwärme in freier Wildbahn zu beobachten, der ist von diesen oft erstaunlichen Verhaltensformen fasziniert. Vielleicht entsteht damit auch der Wunsch, selbst ein solches Tier zu besitzen und zu pflegen. Natürlich sollte man sich dabei auf Arten beschränken, die regelmäßig in den Volieren der Papageienliebhaber gezüchtet werden, um die Naturbestände auch noch für spätere Generationen von Betrachtern zu erhalten.

Papageien in Menschenhand

Begehrt seit tausenden von Jahren

Schon 3 Jahrtausende vor Beginn der Zeitrechnung wurden Papageien von Menschen gehalten. Hauptsächlich dienten sie zur Unterhaltung und Belustigung. Dazu ließ man ihnen von regelrechten Papageientrainern Wörter, Melodien und Pfiffe beibringen. Einigen lernte man akrobatische Kunststückchen und führte sie bei feierlichen Anlässen seinen Gästen vor. Ein gut sprechender Papagei wurde mit Gold und Edelsteinen aufgewogen. Hochkarätige Sprechkünstler standen so hoch im Preis, dass bis zu 10 Sklaven für sie im Tausch geboten wurden.

Zuerst waren es die Griechen, später die Römer, die in den Besitz von Papageien (ausschließlich Arten aus der Gruppe der Edelsittiche) kamen und diese nach Europa an ihre Herrscherhäuser brachten. Der Niedergang der Kultur der Mittelmeer-Völker brachte es mit sich, dass auch das Halten, Pflegen und Abrichten von Papageienvögeln in dieser Region vollständig zum Erliegen kam. Es dauerte über 1000 Jahre, bis das alte Kulturgut „Pflege und Hege von Vögeln" wieder aufgegriffen wurde. Einer der ersten neuen Wegbereiter war der Stauferkaiser Friedrich II., der sich mit Übereifer der Falknerei widmete und nebenbei auch die Verhaltensweisen vieler Vogelarten studierte. Er gelangte sogar in den Besitz eines Kakadus, den er längere Zeit pflegte. Aber es dauerte nochmals einige Jahrhunderte bis Papageien wieder nach Europa kamen. Es waren wohl die spanischen und portugiesischen Seefahrer, die von ihren Entdeckungsfahrten Papageien mit nach Hause brachten. Besonders geschätzt wurden nach der Entdeckung Amerikas Amazonen und Aras, die von indianischen Völkern aufgezogen wurden und daher sehr zahm waren. Sie wurden auch wegen ihrer oftmals überwältigenden Farbenpracht und ihrer Gabe, Wörter zu lernen, zu begehrten Handelsobjekten, bei deren Verkauf große Gewinne erzielt werde konnten.

Nachdem unser Globus Anfang des letzten Jahrhundes weltumspannend erschlossen war und Handelsverbindungen alle Winkel der Erde eng miteinander verbanden, kam auch ein breiterer Bevölkerungsteil mit den fremden, exotischen Vögeln in Berührung. Die Papageien, die in Menagerien und den ersten Tierparks dem Publikum vorgestellt wurden, weckten bei vielen Betrachtern den Wunsch, gleichfalls solch ein Tier zu besitzen und zu pflegen. Schnellsegler – Frachtschiffe mit großer Takelage – brachten von den entferntesten Erdteilen und Inseln diese bunte Ware mit. In den großen Handelsmetropolen wie z. B. Hamburg und Bremen entstanden bald Handelsfirmen, die sich auf Tiere spezialisierten. Namen wie Hagenbeck, Fockelmann, Ruhe und Reiche, um nur einige wenige zu nennen, wurden zum Begriff.

Der Handel mit Tieren fand damals oft unter absolut abenteuerliche Bedingungen statt. In Krämerläden, später in Kaufhäusern, bot man eingezwängt in engen Käfigen die Ware „Vogel“ an. Bei der schlechten Unterbringung, unsachgemäßen Ernährung und Behandlung waren die Vögel besonders hinfällig. Als man erkannte, dass solche schlecht untergebrachten und ernährten Papageien ein Heer von Krankheitserregern in sich trugen, die sogar den Menschen anstecken konnten, wurde zum Schutz der Bevölkerung eine Einfuhrsperre für Papageien erlassen. Bald versiegte der Handel mit den Vögeln, als keinerlei Nachschub aus den Heimatländern der Vögel mehr erfolgte. Nur wenige Arten, die von den Vogelzüchtern nachgezüchtet wurden, waren noch vertreten.

Während des Zweiten Weltkrieges und in der Zeit der ersten Nachkriegsjahre kam die Haltung von Papageienvögeln nahezu vollständig zum Erliegen. Mit den damals noch vorhandenen, wenigen Papageien gelang es Züchtern, den Bestand vieler Arten zu stabilisieren und eine gute Ausgangsbasis für die weitere Zucht zu schaffen. Nachdem auch die Einfuhrbedingungen neu geregelt worden waren, konnten zudem wieder Papageien aus den verschiedenen Erdteilen zur Auffrischung der Zuchten importiert werden.

Eine notwendige Aufgabe: Artenschutz

Die menschlichen Eingriffe in den Naturhaushalt hinterlassen immer tiefer greifende Schäden. Wo bis vor kurzem unberührte Naturoasen gediehen, befinden sich heute wirtschaftliche oder industrielle Zonen, die ein Überleben der dort heimischen Arten nicht mehr zulassen. Der Landverbrauch des Menschen wird immer größer und hinterlässt an der Pflanzen- und Tierwelt Schäden, die voraussichtlich nicht wieder gutzumachen sind.

Um das endgültige Verschwinden besonders bedrohter Tier- und Pflanzenarten aufzuhalten bzw. zu verlangsamen, wurde 1973 in Washington ein Übereinkommen getroffen, das den internationalen Handel mit gefährdeten Arten frei lebender Tiere und Pflanzen kontrollieren und notfalls verhindern soll. Bislang traten dem Washingtoner Artenschutzübereinkommen (WA) 172 Staaten bei. Die internationale Bezeichnung für das WA lautet CITES (Convention of International Trade in Endangered Species).

Im WA werden drei Kategorien der Gefährdung unterschieden. Exemplare des Anhangs III gelten als ungefährdet und zählen zu den, nur national eingeschränkt, handelsfähigen Arten. Bei den Papageien sind es nur noch 4 der insgesamt 360 Arten umfassenden Gruppe, nämlich der Wellensittich, der Nymphensittich, das Rosenköpfchen und der Halsbandsittich, die in ihren natürlichen

Rechts: Der Papageienfuß ist mit den je zwei nach vorne und hinten gerichteten Zehen ein sehr bewegliches Greiforgan. Wie die abgebildete Taubenhalsamazone (Amazona vinacea) benutzen viele Arten die Zehen, um damit ihr Futter festzuhalten und davon abzubeißen.

Lebensräumen als noch nicht gefährdet gelten.

Der Großteil der Papageienarten wird in Anhang II des WA geführt. Dies sind Arten, die zwar derzeit noch nicht von der Ausrottung bedroht sind, es aber werden können, wenn der Handel mit diesen Arten nicht einer strengen Regelung unterworfen wird. Daher müssen für die Ausfuhr von Exemplaren dieser Arten seitens des Herkunftslandes Unbedenklichkeitserklärungen erstellt werden.

Über 50 Papageienarten werden heute in Anhang 1 des WA's gelistet, darunter auch Arten, deren Aussterben nur noch eine Frage der Zeit ist. Noch in den 1980er Jahren bestand die Population des Echosittichs auf Mauritius aus 6 Männchen und 2 Weibchen. Mit viel Engagement und Glück gelang Carl Jones die Erhaltung und Renaturierung des letzten Rückzuggebiets der Art. Seine gezielten Schutzmaßnahmen mit Bruthilfen führten dann zur Erholung des Bestandes. Nahezu 200 Exemplare des Echosittichs leben heute wieder in den Wäldern. Einen Aufwärtstrend verzeichnen auch die stark gefährdeten Amazonen auf den Kleinen Antillen und die Puerto Rico-Amazone. Der kleine blaue Spixara ist zu Beginn dieses Jahrhunderts aus seinem Lebensgebiet verschwunden. Mit einigen, in Zuchtanlagen untergebrachten Exemplaren wird nun versucht, die Art zu erhalten und im ehemaligen Habitat wieder anzusiedeln.

Die Mitgliedstaaten des WA bemühen sich, mit Regelungen den Handel mit den gefährdeten Arten zu kontrollieren, um somit dem weiteren Artensterben entgegen zu wirken. Leider unterbindet bzw. kontrolliert das WA nur den Handel mit gefährdeten Arten frei lebender Tiere und Pflanzen. Das Hauptübel der Ausrottung, die Zerstörung der Lebensräume, bleibt davon unbeeinflusst. So bleibt nur zu hoffen, dass sich auch hier Völker und Nationen verbinden, um einen vollständigen Ausverkauf unserer Natur noch rechtzeitig zu verhindern.

Was beim Kauf eines Papageis zu beachten ist

Bevor Sie einen Papagei kaufen, sollten Sie diesen Schritt vorher gut überlegen, denn eigentlich gibt es mehr Gründe gegen wie für den Erwerb eines Papageis.

Ein besonderes Argument, das gegen eine Haltung spricht, ist die Geräuschentwicklung. Nahezu alle Papageienarten haben eine laute Stimme, die sie auch immer wieder ertönen lassen. Sicherlich, die eine oder andere Art ist nur in begrenztem Maße ruffreudig, aber es gibt doch Arten, die gerne laut und ausdauernd rufen. Bei den Artenbeschreibungen wird jeweils ein Hinweis auf die Ruffreudigkeit gegeben, wobei eingrenzend gesagt werden muss, dass auch innerhalb der Arten individuelle Unterschiede der Tiere zueinander bestehen.

Ein weiteres Argument, das berücksichtigt werden muss, ist die Tatsache, dass Papageien Schmutz verursachen. So erzeugen sie beispielsweise einen feinen weißen Puder aus Keratingranulat, der sich auf die Konturfedern legt, um sie Wasser abweisend zu machen. Dieser Puder ist staubförmig fein und verteilt sich in der ganzen Wohnung. Vor allem bei Kakadus sind diese Puderdunen besonders aktiv. Aber nicht nur Gefiederstaub wird sich in der Wohnung ausbreiten. Die Nahrung der Papageien besteht hauptsächlich aus Körnerfutter, das mit einer schützenden Schale oder Haut umgeben ist. Da die Papageien nur den eigentlichen Samenstand fressen, wird der Futterkern geschält oder gehäutet. Die abgeschälten Schalen und Häute, die kaum ein Eigengewicht haben, fliegen beim geringsten Luftzug durch die Wohnung.

Papageien müssen gepflegt und gefüttert werden, und das nicht nur an fünf Tagen in der Woche. Die Reinigung des Käfigs sollte wenigstens jeden zweiten Tag erfolgen. Ein großes Problem stellt sich auch zur Urlaubszeit. Bereits vor der Anschaffung des Tieres sollte man sich überlegen, wo und wie der Papagei während der Abwesenheit untergebracht werden kann. Ein kleiner Papagei, der in einem kleinen Käfig gehalten wird, kann wohl in der Nachbarschaft zur Pflege „untergestellt" werden. Probleme gibt es aber bestimmt mit größeren Papageien. Hier dürfte es gar nicht so einfach sein, eine gute Pflegestelle für die Urlaubszeit ausfindig zu machen. Meistens steht bereits die Größe des Käfigs einem vorübergehenden Ortswechsel im Wege, außerdem hat ein „papageienunerfahrener" Pfleger vielleicht Angst, sich dem Tier zu nähern. So ist eine sachgerechte Pflege des Tieres während der Urlaubszeit oft nur bedingt möglich.

Papageien verlangen neben der üblichen Versorgung auch ein gewisses Maß an Ansprache und Zuneigung. Das bedeutet, dass das Tier jeden Tag lange Zeit zumindest Sichtkontakt zu seinem Pfleger oder einer anderen vertrauten Person haben sollte. Wer aber diese Zeit nicht aufbringen kann und will, der sollte sich keinen Papagei anschaffen.

Natürlich gehört der Erwerb eines Papageis mit allen beteiligten Familienangehörigen ausführlich besprochen, denn der Kauf führt doch zu wesentlichen Änderungen im Lebensablauf. Wenn bereits andere Haustiere wie z. B. Hund oder Katze vorhanden sind, sollte die Anschaffung eines Papageis noch sorgfältiger überlegt werden. Wenn die vorhandenen Haustiere bereits einen erheblichen Zeitaufwand erfordern, ist für einen weiteren Pflegling sicher kaum mehr weitere Zeit übrig. Auch empfiehlt es sich, solange noch Säuglinge oder kleine Kinder in der Familie sind, den Kauf eines Papageis zunächst zurückzustellen. Außerdem sollte man Kindern, bevor sie ein Alter von etwa sechs Jahren erreicht haben, keinen Papagei schenken, da er sich nicht wie z. B. ein Häschen oder ein Meerschweinchen als Schmusetier eignet.

Erst wenn alle diese Probleme und Fragen ausreichend überdacht und besprochen und Sie sich aller Konsequenzen klar sind, sollten sie endgültig ihre Entscheidung für einen Papagei fällen.

Eine weitere wichtige Frage stellt sich nun: Für welche Papageien-Art soll man sich entscheiden? Grundsätzlich kann man die Papageien in zwei Kategorien einteilen. Die erste Kategorie umfasst die relativ leicht zu haltenden Arten, zur zweiten Gruppe zählen Nahrungsspezialisten und Arten, deren Haltung größere Anforderungen an den Pfleger stellt. Innerhalb dieser beiden Kategorien muss nochmals zwischen importieren und in Deutschland gezüchteten Arten unterschieden werden.

Ein Anfänger in der Papageienhaltung sollte prinzipiell eine leicht zu pflegende

Papageienart wählen. Ein Wellensittich oder ein Nymphensittich, vielleicht noch die eine oder andere Art aus den Gattungen der Unzertrennlichen, der Grassittiche, Plattschweifsittiche und Singsittiche wird einem Neuling ein bestens geeigneter Pflegling sein. Es handelt sich hier ja um Arten, die schon seit Generationen von Papageienhaltern gezüchtet werden und dadurch an uns Menschen und unsere Umgebung gewöhnt sind. Hier ergeben sich kaum Probleme bei der Käfighaltung, bei der Fütterung und unter unseren klimatischen Bedingungen. Ein weiterer Vorteil liegt darin, dass diese Tiere sehr jung erworben werden können.

Die Arten der eben genannten Gattungen stammen alle aus Australien. Da die australische Regierung bereits vor vielen Jahren eine absolute Ausfuhrsperre für alle dort heimischen Tier- und Pflanzenarten erlassen hat, sind diese empfohlenen Papageienarten als Wildtiere in Europa überhaupt nicht im Handel. Anders verhält es sich mit in Südasien, Afrika und Amerika verbreiteten Papageienarten. In diesen Regionen gibt es viele Länder, die die Ausfuhr einheimischer Wildtiere – dazu gehören in begrenztem Maße Papageienvögel – in geregeltem und kontrolliertem Umfang gestatten. Trotz dieser erlaubten und dazu tolerierenden Importe muss vom Erwerb solcher Tiere abgeraten werden, denn einige Papageienarten aus diesen Regionen werden von Züchtern schon recht erfolgreich vermehrt. Empfehlen möchte ich hier den Halsbandsittich, den Papagei mit dem größten Verbreitungsgebiet, und den Pflaumenkopfsittich, beide asiatische Arten. Von den „Afrikanern“ kann ich den Mohrenkopfpapagei als besonders liebenswürdigen Pflegling hervorheben, vorausgesetzt, er wird jung erworben. Bei den „Amerikanern“, Arten aus Zentral- und Südamerika, können einige Arten aus der Gattung der Keilschwanzsittiche, der Mönchsittich und die Sperlingspapageien als angenehme Hausgenossen bezeichnet werden. Die hier erwähnten „Amerikaner“ haben alle eine laute Stimme und erfordern daher eine tolerante Nachbarschaft.

In der Regel bedingen größere Papageien auch eine größere Erfahrung des Pflegers, zumal das Gros dieser Vögel importiert wird. Es ist von Vorteil, wenn man auf Grund von Verhaltensgebärden und Bewegungsabläufen des Vogels seine Laune beurteilen kann. So lässt sich in der Regel auch deutlich erkennen, wann der Zeitpunkt gekommen ist, dass der Papagei zubeißen möchte. Welch Bisswunde ein Ara, eine Amazone oder eine der sonstigen großen Papageienarten verursachen kann, wird einem deutlich, wenn man diese Tiere einmal beim Benagen von Ästen oder beim Öffnen von hartschaligen Früchten beobachtet hat.

Schwierig zu halten und deshalb nur für Papageienliebhaber mit Erfahrung geeignet, sind die Vertreter aus der Familie der Loris. Die farbenprächtigen Loris, die Clowns aus dem Farbkasten, sind durchweg Nektarfresser und deshalb bei der Haltung empfindliche Kostgänger. Bei den Fledermauspapageien, die übriges ihrem Namen Ehre machen, denn sie schlafen kopfunter an Zweigen hängend, ist die Nahrungsversorgung wie bei den Loris, auch sie sind hochkarätige Futterspezialisten. Es gibt noch einige spezialisierte Vertreter aus anderen Gat-

Ein aufgeplustertes Federkleid und geschlossene sowie verklebte Augen sind das typische Erscheinungsbild eines kranken Papageis. Dieses Tier sollte sofort von einem Tierarzt untersucht werden.

tungen, wie z. B. die Feigenpapageien, die allerdings so gut wie nie im Zoofachhandel angeboten werden und deshalb hier nicht erwähnt werden müssen.

Der zur Verfügung stehende Platz und der Standort für den Käfig werden natürlich ebenfalls Einfluss auf die Kaufentscheidung nehmen. Bei geringerem Platzangebot muss ein kleinerer Käfig und somit auch eine kleine Papageienart gewählt werden. Steht viel Raum zur Verfügung, so kann ein großer Käfig oder gar eine Zimmervoliere aufgestellt werden. Hier kann natürlich eine größere Papageienart Einzug halten.

Sobald alle „Wenn und Aber", die die Anschaffung eines Papageis betreffen, zufrieden stellend durchdiskutiert worden sind, steht dem Erwerb des Tieres nichts mehr im Wege. Vielleicht hat man sich bereits bei seinen Überlegungen auf eine bestimmte Papageienart fixiert und daher die Gelegenheit benutzt, diese Art in einem örtlichen Zoofachgeschäft kennen zu lernen. Der Zoofachhandel hat in der Regel immer mehrere Arten in seinen Ausstellungskäfigen, und so kann man sich hier vor dem Kauf einen kleinen Überblick über einzelne Arten verschaffen. Wenn man den Zoohändler über die Kaufabsicht informiert, kann man bei ihm bestimmt auch mehrmals für längere Zeit seine Papageien beobachten.

Wichtig ist, dass der Papagei, den man erwerben möchte, gesund ist. Ein seriöser Zoohändler wird kranke Papageien grundsätzlich nicht in seinen Ausstellungskäfigen oder -volieren präsentieren. Trotzdem kann es vorkommen, dass ein krankes Tier im Verkaufskäfig sitzt. Aufgeplusterte Gefieder, geschlossene oder halbgeschlossene Augen, Nasenausfluss, flüssiger Kot (sofern es sich nicht um Loris oder solche Papageien handelt, die Weichfutter fressen) und apathisches Dasitzen sind meist ein sicheres Indiz für eine Krankheit.

Beim Beobachten der Tiere darf man sich nicht direkt vor den Ausstellungskäfig stellen. Die Vögel würden sich dadurch bedroht fühlen, wenn es sich nicht um absolut zahme Tiere handelt. Sie würden deshalb versuchen, aus dem Gefahrenbereich zu entkommen, und kopflos umherflattern. Nehmen Sie einen ausreichenden Abstand zum Käfig ein, möglichst nicht unter zwei Metern und beobachten Sie mit Ausdauer. Nach einiger Zeit wird Ihnen auffallen, dass in einem Ausstellungsgehege mit drei oder mehreren Exemplaren einer Art jedes Exemplar durch sein Verhalten von den anderen unterschieden werden kann.

Die einen zeigen sich vorsichtig, zurückhaltend, abwartend, die anderen sind voller Neugier, beobachten jede sich ergebende Änderung aufmerksam und untersuchen vielleicht auch den hingestreckten Finger, und wiederum andere sind teilnahmslos, lassen sich weder von ihren Artgenossen noch durch vorbeilaufende Menschen stören, sie wirken etwas apathisch, ohne jedoch krank zu sein. Manchmal ist zu beobachten, dass sich Pärchen gefunden haben. Meistens sitzen diese etwas getrennt von ihren Artgenossen und führen alle Handlungen wie Fressen, Gefiederpflege und Klettern gemeinsam durch. Es wäre bedauerlich, wenn man gerade ein Pärchen trennen würde. Eher sollte man den Verkäufer darauf aufmerksam machen, dass er das Paar der Gruppe entnimmt und in einem separaten Käfig gemeinsam zum Kauf anbietet.

Gefiederschäden sollten niemals ein Kaufhindernis sein. Bei der nächsten Hauptmauser werden die beschädigten Federn abgestoßen und durch neue ersetzt. Abraten möchte ich vom Kauf eines Tieres, das an den eigenen Federn knabbert oder sie sich ausrupft. Gegen solch ein krankhaftes Fehlverhalten lässt sich kaum etwas unternehmen; diese Papageien eignen sich daher wirklich nicht für Anfänger.

Hat man sich nach langem Beobachten für einen bestimmten Papagei entschieden, dann wird einem der Händler das gewünschte Exemplar herausfangen. Bevor es in eine Transportkiste oder einen Transportkäfig eingesetzt wird, muss noch die Nummer seines amtlichen Fußringes festgehalten werden. Ist der Transport nach Hause nur von kurzer Dauer, erübrigt es sich, im Transportbehälter Futter und Wasser bereitzuhalten. Bei längerer Transportzeit sollte unbedingt eine Futterration – Körnerfuttermischung und einige Apfelstücke – und ein mit Wasser getränkter Schwamm im Transportbehälter vorhanden sein. Dieser Behälter sollte in der Grundfläche gerade so groß sein wie der Vogel vom Schnabel bis zur Schwanzspitze misst. Bei einem Nymphensittich z. B. oder einem Prachtrosella ergibt sich damit eine Grundfläche von ca. 32 × 32 cm und eine Höhe von 15–20 cm. Größere Transportbehälter haben den Nachteil, dass der Vogel zuviel Freiraum hat; die Verletzungsgefahr beim Herumflattern ist dann weitaus größer.

Übrigens ist der Zoohändler gesetzlich verpflichtet, den Namen und die Anschrift des Käufers festzuhalten. Die so genannte Psittacose-/Ornithoseverordnung schreibt dies vor.

Auch in Tageszeitungen werden oftmals in der Rubrik Tiermarkt Papageien zum Kauf angeboten. Es handelt sich hierbei durchweg um Tiere aus Privatbesitz, die aus irgendwelchen Gründen zum Verkauf anstehen. In den vergangenen Jahre habe ich mehrmals aus solchen Angeboten Papageien erworben. Ich möchte nicht verschweigen, dass ein Teil dieser Papageienverkäufer versuchte, körperlich oder psychisch geschädigte Tiere an den Mann zu bringen. Als Neuling auf dem Gebiet der Papageienhaltung sollte man deshalb nicht unbedingt solche Angebote aufgreifen. Vor solchen Enttäuschungen oder Problemen kann man sich jedoch schützen, wenn man seinen Papagei oder Sittich bei einem Züchter kauft, der eine amtlich genehmige Zuchtanlage betreibt.

Käfige und Volieren

Im Vergleich mit anderen Vogelarten sind Papageien – von wenigen Ausnahmen abgesehen – schwerfällige Flieger. Es gibt sogar einige Arten, die laufend oder kletternd versuchen, einer Gefahr zu entkommen. Dennoch sollte für den im Haus und Garten gehaltenen Papagei seine Behausung so geräumig wie möglich sein. Hier gilt, je größer desto besser für das untergebrachte Tier, das die größere Bewegungsfreiheit sichtlich genießt.

Die Ansprüche an die Käfige richten sich natürlich auch nach den einzelnen Papageienarten. So kann ein kleiner Papagei, ein Bourkesittich *(Neophema bourkii)* oder ein Rosenköpfchen (*Agapornis roseicollis*) vorübergehend in einem Käfig gehalten werden, der eine Grundfläche von ca. 100 × 50 cm und eine Höhe von ca. 50 cm aufweist (Käfige mit geringeren Abmessungen sollte man auch für noch kleinere Arten nicht verwenden). Für große Papageienarten, Amazonen und Kakadus gehören hier ebenso dazu wie der Graupapagei und Alexandersittich, muss die Käfiggrundfläche mindest 2 × 1 m betragen, die Höhe darf 1 m nicht unterschreiten. Bei großen Papageien ist die Unterkunft 3 × 1 × 3 m (L × B × H). Das große Bedürfnis der Papageien nach sozialen Kontakten macht eine paarweise oder auch eine Gruppenhaltung unabdingbar. Der Gesetzgeber (Ministerium für Ernährung, Landwirtschaft und Forsten) fordert mit seinem Gutachten sogar diese Haltungsform und leitet daraus ab, dass die Käfige/Volieren für jeden weiteren Insassen um wenigstens 25 % Grundfläche zu erweitern sind. Je größer die Bewegungsräume sind, umso wohler werden sich die Tiere fühlen.

Die Vorderfront dieses Papakäfigs kann vollständig aufgeklappt werden, damit der Papagei ungehindert seine Behausung verlassen kann. Ein Käfig dieser Größe kann aber nur ein Übernachtungsdomizil sein, für einen dauerhaften Aufenthalt ist er entschieden zu klein.

Natürlich stellt die Papageienhaltung Anforderungen an die Stabilität der Käfige und Volieren. Gerade die großen Arten, und hier besonders die Vertreter aus der Familie der Kakadus, besitzen unglaublich kräftige Schnäbel und sind in der Lage, schwach gebaute Käfige innerhalb kürzester Zeit in ihre Einzelteile zu zerlegen. Aber auch stabile Käfige müssen in allen Details sorgsam konstruiert und gebaut sein, denn schon die geringste Schwachstelle bietet dem Papagei bei seinem „Zerstörungswerk“ eine willkommene Ausgangsbasis. Ein von mir gehaltener Molukkenkakadu verstand es, nahezu jeden Käfig zu demolieren. Es war nur immer eine Frage der Zeit, bis er es wieder geschafft hatte. Der zuerst von ihm bezogene Käfig war eine von einem Schlosser gefertigte Behausung aus Metallrahmen und -gittern mit einem Holzboden und Holzseitenteilen. Bereits nach wenigen Wochen fiel der Käfig auseinander. Dem zweiten Käfig, bestehend aus kunststoffbeschichteten Holzplatten und Glasfronten war eine etwas längere Haltbarkeit beschieden, allerdings mussten die als Schiebetüren eingesetzten Scheiben aus normalem Fensterglas gegen 6 mm starke Panzerglasscheiben ausgetauscht werden, da der Kakadu bald diese Schwachstellen entdeckt hatte und wirklich problemlos und mit Leichtigkeit die Scheiben zerbrach. Nach einiger Zeit stellten sich an den kunststoffbeschichteten Holzoberflächen die ersten Schäden ein. Diese Stellen wurden nun bevorzugt benagt, und es dauerte nur kurze Zeit, bis mehr als handtellergroße Löcher dem Kakadu einen idealen Durchschlupf ins Freie boten. Gleich der erste Ausflug fiel in die Zeit, in der sich niemand in der Wohnung aufhielt, und so konnte sich der Kakadu ungestört über eine lang gehegte Zimmerpflanze hermachen. Mir wird unvergesslich bleiben, wie ich nur noch „Salat“ und einige „Späne“ von diesem Prachtstück vorfand. Bekanntlich lernt man aus Erfahrung, und so wurde der Bau des dritten Käfigs, eine wohldurchdachte Konstruktion, einem Schlosser in Auftrag gegeben. Der Käfig bestand aus Eisenrohr, -winkeln und Blech und war für meine Begriffe unüberwindlich. Die Seitenteile, die als Türen ausgebildet waren, bestanden aus schweren Metallrahmen, in die Panzerglas eingesetzt war. Das in die Trägerteile eingeschweißte Deckenteil war ein ca. 2 mm starkes Lochblech, das gleichzeitig den Luftaustausch im Käfig regelte. Dieses Deckenteil war aber, wie sich bereits nach einiger Zeit herausstellte, die Schwachstelle der Konstruktion. Mit einer unglaublichen Gewalt verbog der Kakadu mit seinem Schnabel dieses Eisenblech im Laufe der Zeit so sehr, dass die Verbindungsstreben zwischen den Löchern auseinanderbrachen. Die verbogenen Streben bildeten nun einen Gefahrenherd für Verletzungen, und so musste umgehend Abhilfe geschaffen werden. Der vierte Käfig, mehr eine Zimmervoliere, erhielt geflieste Boden-, Seiten- und Deckenteile und erwies sich dadurch als bislang haltbarste Variante.

Sicherlich zeigt sich nicht jeder Papagei so zerstörungsfreudig wie mein Molukkenkakadu, aber trotzdem sollte beim Kauf oder Bau eine Käfigs ein Hauptaugenmerk auf die erforderliche Stabilität gelegt werden.

In diesem Zusammenhang erinnere ich mich an einen netten Vorfall – zumindest für mich war er sehr amüsant – den ich bei einem Besuch eines Tiergroßhändlers erlebte. Voller Stolz zeigte mir der Zoohändler seine nach neuesten Kenntnissen konzipierte Quarantänestation und präsentierte mir seine 10 importieren Hyazintharas. Als er die Eisentür öffnete, bot sich uns ein einmaliges Bild. Auf vollkommen demolierten Käfigen, d. h. auf den Resten ehemaliger Käfige, saßen in friedvoller Haltung die 10 dunkelblauen Vögel. Die Wände der Abteilung waren ursprünglich mit Ka-

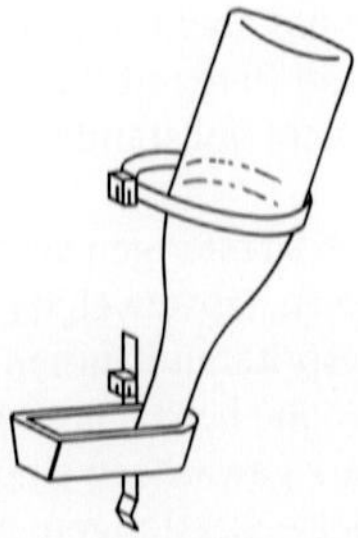

a

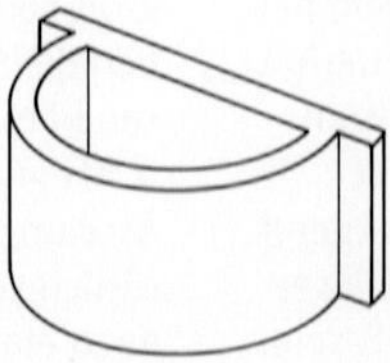

b

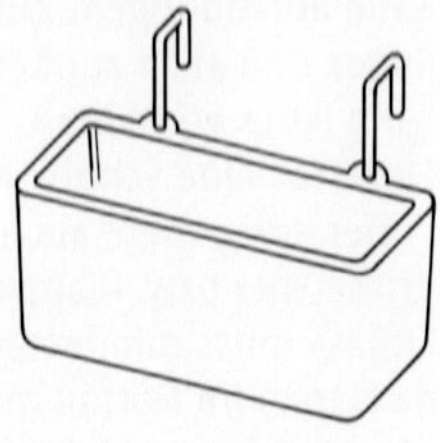

c

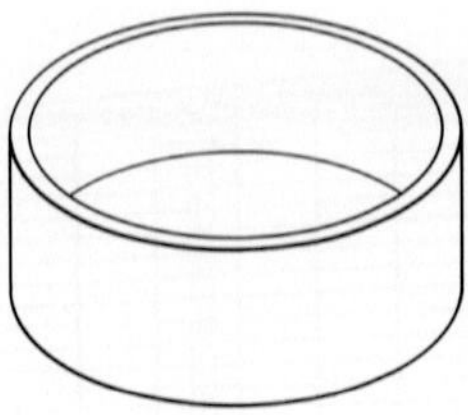

d

Gängige Trink- und Futtermittelgefäße, die der Fachhandel anbietet:
a) Mit dieser Konstruktion zur Befestigung einer Flasche kann z.B. Mineralwasser langzeitig verabreicht werden.
b) Die sogenannten Einschubnäpfe werden in die Gitterseiten der handelsüblichen Pappageienkäfige eingeschoben und mit einer Klammer befestigt.
c)Einhängenäpfe werden von größeren Papageien oft aus der Verankerung gelöst. Solche Näpfe bieten sich daher für kleinere Arten an.
d) Runde Näpfe lassen sich gut als Vogelbad verwenden, hierzu muss das Bodenteil etwas aufgerauht werden, damit der Papagei beim Baden nicht ausrutscht.

cheln belegt, boten aber jetzt nach 40-tägiger Bearbeitung, – länger befanden sich die Aras noch nicht in diesem Raum – ein Bild wie nach einem Bombenangriff. Der größte Teil der Fliesen war heraus gebrochen, die Wände, Eisen armierte Betonwände, wiesen faustgroße Löcher auf, und an vielen Teilen waren die Armierungseisen zu sehen. Alles in allem ein ungewolltes, geradezu beängstigendes Beispiel für die Intensität mit der manche Papageienarten ihre Käfige „bearbeiten".

Käfige müssen stabil sein, aber ebenfalls wichtige Kriterien sind eine optimale Form, die Zweckmäßigkeit, leichte Handhabung zur Reinigung und andere Erfordernisse. Die beste Käfigform ist ein Würfel oder Quader; runde oder elliptische Käfige sind nicht empfehlenswert und noch weniger sind kunstvoll verschnörkelte Behausungen zu gebrauchen. Die Wasser- und Futternäpfe müssen an solchen Stellen platziert werden, an denen sie nicht verschmutzt werden können. Gleichzeitig sollten sie mit dem Käfig so sinnvoll und fest verbunden sein, dass sie nicht zu bewegen sind und auch nicht umgekippt oder gar verschleppt werden können. Ein dritter und vierter Napf, natürlich ebenfalls sicher im Käfig verankert, sind von Vorteil, weil man in ihnen Obst und Gemüse sowie Sand, Erde und Grit reichen kann. Auf den Käfigboden ist immer eine Schicht Sand aufzubringen. Zum Wechseln des Sands und auch zur besseren Sauerhaltung ist es vorteilhaft, wenn sich im Unterteil eine Schublade befindet.

Der Käfig sollte auch eine genügend große Türe bzw. Klappe haben. Dieser Einlass muss mindestens so groß sein, dass man im Notfall mit beiden Händen hineingreifen und den Vogel herausholen kann. Ebenso sollte jede Käfigecke mit den Händen erreicht werden können. Üblicherweise sind Käfige und Zimmervolieren mit Buchenholzstangen als Sitzgelegenheit ausgestattet. Diese Sitzstangen haben meistens einen einheitlichen Durchmesser und sind daher nur begrenzt zu gebrauchen. Ein Papagei muss mit seinen Zehen unterschiedlich greifen, er braucht also verschieden starke Sitzstangen. Der Durchmesser der Sitzstange muss aber mindestens so groß sein, dass die Tiere mit ihren Zehen die Stange nicht vollständig umfassen können.

Als geeignetste Sitzstangen sehe ich Äste und Zweige an. Obstzweige – natürlich von ungespritzten Bäumen – die noch eine gute Rinde besitzen und unterschiedlich stark gewachsen sind, bilden geradezu ideale Sitzstangen. Allerdings müssen sie im Abstand von 14 Tagen bis 4 Wochen regelmäßig erneuert werden. Solche Zweige und Äste bieten

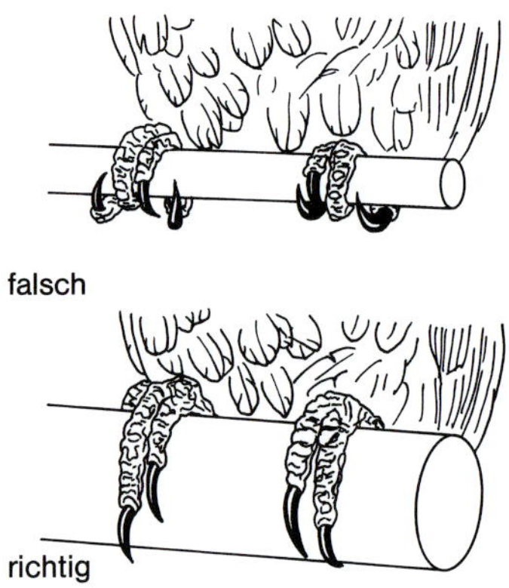

Bei zu dünnen Sitzstangen werden die Krallen nicht abgenutzt, es kann zu übermäßigem Wachstum, aber auch zu Deformierungen der Zehen kommen.

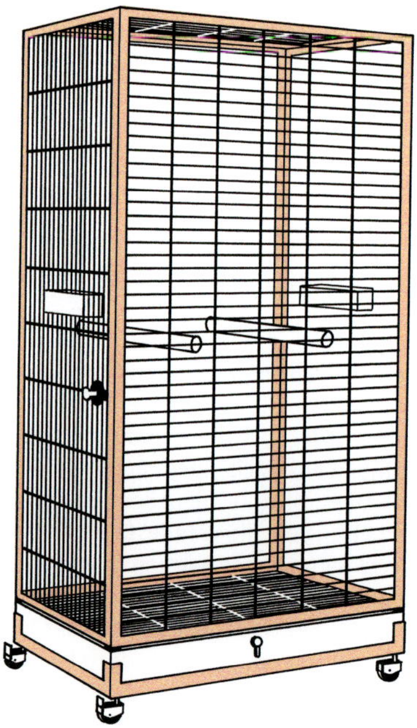

Diese Zimmervoliere eignet sich u.a. für einen langschwänzigen Papagei.
Durch die angebrachten Rollen ist der Käfig sehr beweglich. Bei schönem Wetter kann dann schnell ein Platz im Freien bezogen werden.

Ein idealer Freisitz für den Papagei ist ein fahrbarer Ständer mit aufgestelltem Ast. Das Bodenteil wird aus hygienischen Gründen mit Sand bedeckt.

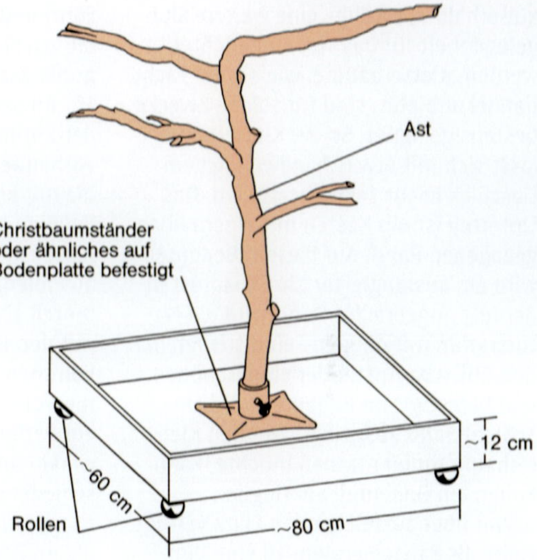

gegenüber den gedrechselten Buchenstangen wesentliche Vorteile. So nützen sich die Krallen der Papageien durch die raue Rindenstruktur ab, wodurch das Krallenschneiden entfällt. Gleichzeitig hat der Vogel die Möglichkeit seinem natürlichen Nagebedürfnis nachzukommen, und dass er hier nebenbei auch noch Mineralstoffe aufnimmt, ist ein weiterer Vorteil.

Der richtige Platz des Käfigs in der Wohnung ist genauso wichtig wie der Käfig selbst. Es muss ein heller, möglichst fensternaher Standort sein. Da der Papagei ja ein „Familienmitglied" werden soll, bietet sich ein Stellplatz in Nähe eines Wohnzimmerfensters an. Niemals darf ein Platz auf einem Fenstersims ein dauerhafte Standplatz sein, denn ständige direkte Sonnenbestrahlung heizt den Käfig auf und schadet dem Tier. Der Käfig sollte auch nicht in unmittelbarer Nähe von Heizkörpers stehen, da die warme Heizungsluft auf Dauer die Federn und die Haut des Vogels austrocknen würden. Auch Zugluft ist zu vermeiden; daher niemals einen Standort zwischen Fenster und Tür wählen. Der beste Platz befindet sich in der Nähe eines Südfensters, das möglichst ein Blumenfenster sein sollte, so dass sich ein Ausblick ins Grüne oder auch zur Straße hin bietet (hier gibt es immer etwas für den Papagei zu beobachten). Der Käfig wird so aufgestellt bzw. an der Wand angebracht, dass sich die Sitzstange auf der sich der Vogel ständig aufhält, etwa in Augenhöhe, jedoch nicht tiefer als Brusthöhe, befindet. Von dieser Höhe hat der Papagei eine gute Rundsicht, und außerdem wird er von der „Körpermasse Mensch", wenn man zum Käfig hintritt, nicht erdrückt.

Wenn es möglich ist, sollte den Papageien täglich die Möglichkeit zum Flug durchs Zimmer geboten und deshalb außerhalb des Käfigs eine weitere Sitzgelegenheit für das Tier eingerichtet werden. Kletterbäume, wie sie der Fachhandel anbietet, sind für solche Zwecke bestens geeignet. So ein Kletterbaum lässt sich mit etwas handwerklichem Geschick leicht selbst herstellen. Das Unterteil ist ein Kasten mit einem hochgezogenen Rand. Auf diesem Bodenteil wird ein ausrangierter Christbaumständer fest angebracht. Dann wird ein Naturstamm mit einigen Seitentrieben in den Christbaumständer eingeschoben und befestigt. Im Bodenteil wird eine Schicht Sand ausgelegt. Wer den Kletterbaum mobil machen möchte, kann Rollen am Bodenteil anbringen.

Wer über ausreichenden Platz verfügt, sollte als Papageiendomizil eine Zimmervoliere aufstellen. Auch hier bietet der zoologische Fachhandel ein umfangreiches Sortiment, und so ist wohl für jeden Geldbeutel eine Lösung zu finden. Für Zimmervolieren gilt bezüglich der Form und Ausstattung dasselbe wie für die zuvor beschriebenen Käfige. Eine große Klappe, noch besser eine große Tür im Seiten- oder auch im Vorderteil der Zimmervoliere muss auf jeden Fall vorhanden sein. Es gibt einige Hersteller, die nur kleine Eingriffsklappen an den Volieren anbringen. Aus solchen Behältnissen kann man die Vögel nicht herausholen, man muss tatsächlich ein Seitenteil abschrauben und entfernen, um mit den Händen an das Tier heranzukommen. Natürlich kann man eine Zimmervoliere nach eigenem Geschmack entwerfen und sich von einem Handwerker anfertigen lassen. Es gibt verschiedene Möglichkeiten der Gestaltung. Der entsprechenden Fachliteratur, die im Zoo- oder Buchhandel erhältlich ist, ist manch wichtiger Ratschlag und Hinweis zu entnehmen. Vor allem für Balkon- oder Gartenvolieren finden sich in diesen Büchern (s. Literaturverzeichnis) Beschreibungen.

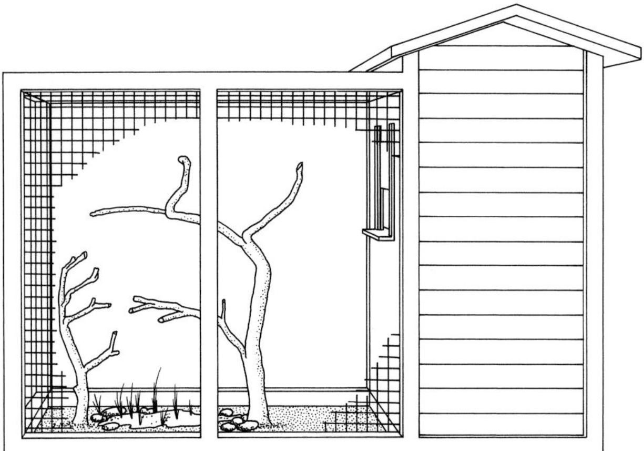

Freivolieren mit integrierten Schutzhäusern sind wohl der idealste Unterbringungsort für Papageien. Hier lassen sie sich auch von der Sonne bescheinen und können ein ausgiebiges Bad im Regen nehmen. Der angegliederte Raum bietet Schutz vor Sturm und kühleren Temperaturen.

Was Papageien fressen

Die nahezu 360 Arten aus der zoologischen Ordnung der Papageien stellen recht unterschiedliche Ansprüche an die Nahrung. So gibt es Arten, die sich auf Früchte spezialisiert haben, die im obersten Kronendach der Bäume gefunden werden. Andere fressen solche Früchte, die sie in Stammnähe der Bäume finden und wiederum andere suchen ihre Nahrung nur im unteren Drittel der Futterbäume. Einige Arten, besonders die australischen Formen, ernähren sich hauptsächlich von dem, was sie auf dem Erdboden finden. Zwischen diesen Fressgewohnheiten der einzelnen Arten muss man nochmals differenzieren. Arten, die nur auf dem Erdboden fressen, d. h. die auf dem Boden ihre Nahrung suchen und aufnehmen, haben sich meistens auf bestimmte Produkte spezialisiert. So fressen z. B. die in den trockenen inneraustralischen Landschaftsgebieten vorkommenden Wellensittiche *(Melopsittacus undulatus)*, Nymphensittiche *(Nymphicus hollandicus)* und einige Arten aus der Gattung der Grassittiche *(Neophema)* kleinkörnige Gras- und Wildkrautsamen. Größere Papageienarten nehmen hartschalige, größere Früchte auf. Gerne fressen sie auch die heruntergefallenen Samen der Eukalypten und Banksien. Wiederum andere, wie z. B. der Rosakakadu *(Eolophus roseicapillus)* oder der Nacktaugenkakadu *(Cacatua sanguinea)* sind Alles- und Überallfresser. Sie holen sich ihre Nahrung aus der oberen Kronenschicht der Bäume sowie aus der Strauch- und Krautschicht der niedrig wachsenden Pflanzen. Auf dem Erdboden nehmen sie Blüten, Pflanzenteile und Samen auf. Teilweise graben sie mit ihren Schnäbeln im Erdreich, um an Wurzeln und unterirdische Samenstände zu kommen und verschmähen dabei keinesfalls animalische Kost. So bereichern Kerbtiere und anderes Kleinstgetier und deren Eier und Larven den Speiseplan der Allesfresser, der so genannten Generalisten.

Was die Nahrungsaufnahme betrifft, sind übrigens die meisten Papageien Generalisten. Es gibt aber auch Arten, die man zu den Teilspezialisten oder sogar reinen Spezialisten zählen muss. Zu den Teilspezialisten zählen einige amerikanische Stumpfschwanzpapageien (aus den Gattungen *Pionopsitta, Hapalopsittaca, Gypopsitta* und *Touit*) aber auch Arten aus dem südostasiatischen Raum, aus Neuguinea und der australischen Region (nahezu alle Arten der Familie der Loris, der Fledermauspapageien und einige Vertreter anderer Gattungen). Reine Futterspezialisten gibt es nur sehr wenige. Dazu gehören der im Norden Südamerikas verbreitete Rotbauchara oder der im äußersten Südwesten Australiens verbreitete Rotkappensittich. Der erstere ernährt sich ausschließlich von den Samen der Buriti-Palme und wird deshalb in seinem brasilianischen Heimatgebiet „Maracana do buriti“ genannt. Der Rotkappensittich ist auf die Samen einiger Eukalyptus-Arten spezialisiert; er legt diese Spezialisierung derzeit aber ab, da als Folge der menschlichen Besiedlung seines Herkunftsgebietes und der damit verbundenen Veränderung seine ursprünglichen Nahrungsbäume teilweise verschwanden. So ist er gezwungen sich auf andere Samenarten umzustellen.

Deutlich ist zu erkennen, dass die verschiedenen Papageien teilweise recht

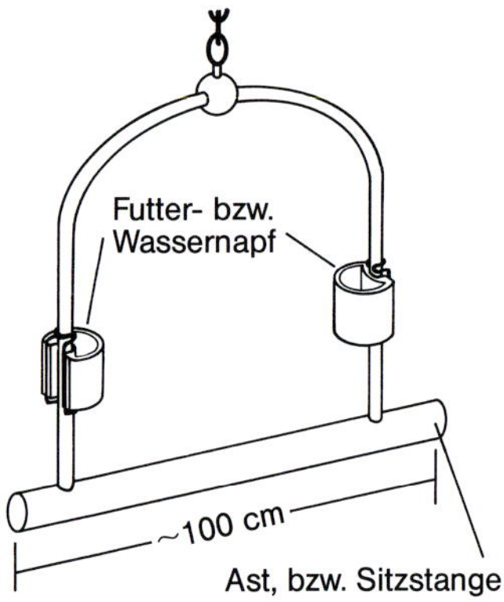

Die Papageienschaukel ist ein beliebter Freisitz in der Wohnung, auf dem Balkon und im Garten.

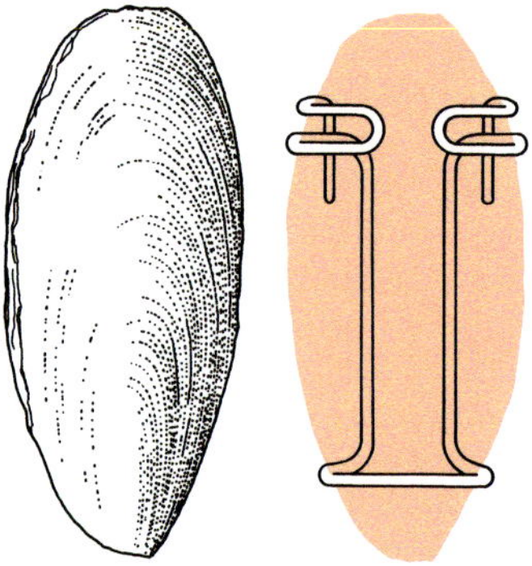

Der Calciumbedarf des Papageis lässt sich z.B. mit Futterkalk decken, der über das Futter gestreut wird. Sepiaschulpen, die in den Käfig gehängt werden, erfüllen den selben Zweck. Von ihnen beißt der Papaei ab.

eigenartige Kostgänger sind. Sehr wichtig ist meiner Meinung nach, dass sich der Halter und Pfleger eines Papageis grundsätzlich nach den natürlichen Lebens- und Ernährungsbedingungen seines Pfleglings erkundigt. So kann man am ehesten den jeweiligen Nahrungsgewohnheiten gerecht werden.

Wichtig ist auch, wie und wo man Futter und Wasser seinen Tieren präsentiert. Ein Großteil der amerikanischen Papageien aber ebenso viele Arten aus Afrika, Asien, Australien und Ozeanien – die typischen Waldvögel – kommt nur sehr ungern auf den Boden herab. Wasser-, Futter- und sonstige Versorgungsnäpfe sollten deshalb bei diesen Arten im oberen Käfigbereich angebracht werden. Die Papageien, die in offenen Landschaften wie Savanne und Halbwüste leben, nehmen die Nahrung vom und am Boden auf; bei diesen Arten dürfen die Näpfe auf dem Käfig- und Volierenboden stehen.

Nun zur Fütterung. Papageien fressen in ihren natürlichen Lebensräumen Nahrungsprodukte, die wir ihnen bei der Haltung in Käfig und Voliere nicht bieten können, da diese Beeren, Samen oder Knospen uns größtenteils unbekannt sind und außerdem auch nicht erhältlich wären. Die Futtermittelindustrie hat hier in Zusammenarbeit mit Praktikern so genannte Grundfuttermischungen für Körner fressende Papageien zusammen gestellt. Für die kleinen Arten wie z. B. Wellensittiche, Grassittiche und Sperlingspapageien bietet sich als Grundfutter das „Wellensittichfutter“ an. Meist setzt sich Wellensittichfutter aus den unterschiedlichsten Hirsesorten (Getreide) und einem kleineren Bestandteil an Kanariensaat (auch Spitz- oder Glanzsaat genannt) und Haferkernen zusammen. Da der Roheiweiß- und Fettgehalt etwas niedrig ist, sollten dem Futter zerkleinerte Sonnenblumenkerne und zeitweise klein geschnittene Nüsse (Erd-, Wal-, Haselund Paranuss) untergemischt werden. Der Roheiweißgehalt von Sonnenblumenkernen und Nüssen liegt zwischen 20 und 30 %, der Fettgehalt variiert zwischen 30 und 50 %. So eignet sich Großsittichfutter auf Grund seiner Bestandteile für solche Papageien, die etwas größer sind als die zuvor beschriebenen Arten. Großsittichfutter besteht allgemein zu einem Drittel aus diesem Wellensittichfutter, die restlichen zwei Drittel setzen sich aus gestreiften und weißen Sonnenblumenkernen, wenig Hanfsaat, Erdnüssen, getoastetem Weizenmehl, Darisaat, Kardisaat und Buchweizen zusammen. Papageienfutter für die großen und kräftigen Papageienarten enthält überwiegend hartschalige Samen in der Futtermischung. Neben weißen und gestreiften Sonnenblumenkernen enthält es Hafer, Plata-Mais, Weizen, Kardisaat, Erdnusskerne, Erdnüsse in der Schale, Darisaat, Buchweizen, Gerste, Popkorn, Hanf, Paddyreis, Kürbiskerne und Zirbelnüsse. Dieses Fertigfutter ist als ein Grundfutter anzusehen, das regelmäßig gereicht werden soll. Dazu bietet man je nach Saison und Angebot Gemüse, Früchte, Beeren und Samen von Wild- und Kulturpflanzen an. Ein ideales Zusatzfutter sind die Fruchtstände einiger Getreidesorten (Weizen, Hafer, Roggen, Hirse, Gerste und Mais), im halbreifen bis reifen Zustand. Wildkrautsamen von Hirtentäschelkraut, Knöterich, Habichtskraut, Breit- und Spitzwegerich, um nur einige zu nennen, sind ebenfalls wichtige Futtersorten im Nahrungsspektrum und sollten saisonal dem Tier angeboten werden.

Neben den Nährstoffen sind aber auch Wirk- und Mineralstoffe notwendige Bestandteile des Futters, die stets ausreichend zur Verfügung stehen müs-

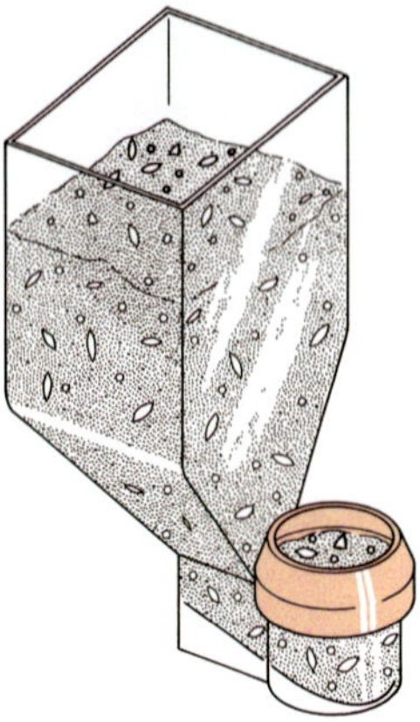

Dieser Futtersilo gewährleistet eine ausreichende Nahrungsversorgung über einen längeren Zeitraum hinweg.

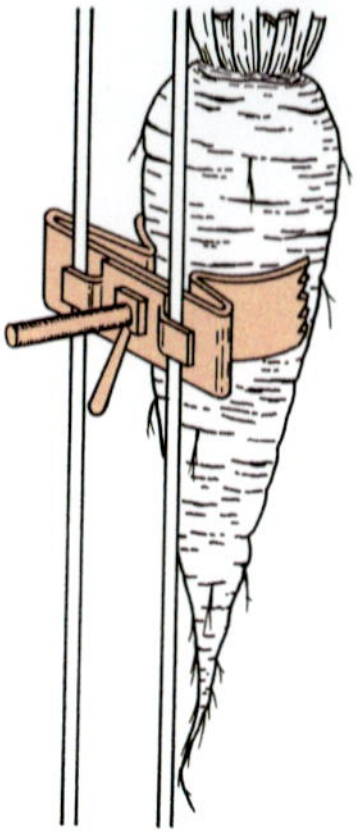

Mit dieser zwischen das Käfiggitter geklemmten Halterung lassen sich alle Gemüse- oder Obstsorten sicher befestigen.

Futterübersicht

Papageiengattung, Papageienart	Grundfutter: Lorinektar	Wellensittichfutter	Großsittichfutter	Papageienfutter	Exotenfutter	Waldvogelfutter
Loris	*					
Kakadus				*		
Nymphensittich		*	*			
Grassittiche		*			*	*
Singsittiche		*	*		*	*
Plattschweifsittiche		*	*		*	*
Laufsittich		*	*		*	*
Edelpapagei	*		*	**		
Edelsittiche		*	**			
Fledermauspapageien	***	*				*
Unzertrennliche		*	*		*	*
Graupapagei			*	**		
Langflügelpapageien			**	*		
Rotsteißpapageien			**	*		
Amazonenpapageien			*	**		
Sperlingspapageien		*	*		*	*
Schmalschnabelsittiche		*	*		*	*
Mönchsittich		*	***			
Rotschwanzsittiche		*	*		*	*
Nandaysittich		*	*			
Keilschwanzsittiche		*	*			
Große Aras			*	***		
Kleine Aras			***	*	*	

Zusatzfutter (je nach Saison)															**Zusatzgaben** (bei Bedarf)	
heimische Sämereien	heimische Früchte	Beeren	Obst	Gemüse	Zweige mit Knosp. u. Blüte	Salat	Grünfutter	Kolbenhirse	Kleine Nüsse	Große Nüsse	Keimende Saaten	Weichvogelfutter	Kalkstein	Walderde	Vitamingaben	Mineralstoffgaben
	●	●	●	●	●	●	●				●	●	●	●	●	●
●	●	●	●	●	●	●	●		●	●	●	●	●	●	●	●
●	●	●	●	●	●	●	●	●			●		●	●	●	●
●	●	●	●	●	●	●	●	●			●	●	●	●	●	●
●	●	●	●	●	●	●	●	●			●	●	●	●	●	●
●	●	●	●	●	●	●	●	●			●	●	●	●	●	●
●	●	●	●	●	●	●	●	●			●	●	●	●	●	●
●	●	●	●	●	●	●	●		●	●	●		●	●	●	●
●	●	●	●	●	●	●	●	●	●		●		●	●	●	●
	●	●	●	●	●	●	●	●			●	●	●	●	●	●
●	●	●	●	●	●	●	●	●			●		●	●	●	●
●	●	●	●	●	●	●	●	●	●	●	●		●	●	●	●
●	●	●	●	●	●	●	●	●	●		●		●	●	●	●
●	●	●	●	●	●	●	●		●		●		●	●	●	●
●	●	●	●	●	●	●	●		●	●	●		●	●	●	●
●	●	●	●	●	●	●	●	●			●		●	●	●	●
●	●	●	●	●	●	●	●	●			●	●	●	●	●	●
●	●	●	●	●	●	●	●	●	●		●		●	●	●	●
●	●	●	●	●	●	●	●	●			●		●	●	●	●
●	●	●	●	●	●	●	●	●	●		●		●	●	●	●
●	●	●	●	●	●	●	●	●	●		●		●	●	●	●
●	●	●	●	●	●	●	●		●	●	●		●	●	●	●
●	●	●	●	●	●	●	●		●		●		●	●	●	●

✻ = Grundfutter (jedes ✻ steht für einenAnteil)
● = Zusatzfutter und Zusatzgaben

sen. Sollte sich ein Papagei eventuell zu einseitig ernähren – dies kommt hauptsächlich in der Eingewöhnungszeit vor – dann sind zusätzlich Mineralstoffe und Vitamine zu verabreichen. Der Fachhandel führt hier ein umfangreiches Sortiment an geeigneten Präparaten. Gleichfalls als unentbehrlicher Zusatz zum Futter dient ein im Käfig angebrachter Kalkstein oder eine Sepiaschale. Da größere Papageienarten den Kalkstein oder die Sepiaschale oft innerhalb weniger Minuten zernagen, muss man in diesen Fällen zu pulverförmigem Futterkalk greifen. In minimalen Mengen (eine Messerspitze) streut man das Pulver über die tägliche Trockenfutterration. So nimmt der Papagei gleichzeitig mit den Körnern und Samen den Kalk auf. Kalkpräparate enthalten unter anderem wesentliche Bestandteile an Calcium, Phosphor, Magnesium, Natrium, aber auch Zink, Kupfer, Mangan, Kobalt und Jod, also Bioelemente, die unbedingt in die Nährstoffversorgung des Tieres einfließen müssen.

Ein Freisitz in dieser Größe kann leicht und schnell an die gewünschte Stelle transportiert werden. Er eignet sich hervorragend zum Aufstellen auf Möbeln oder auch auf breiten Fenstersimsen.

Körner-/Samenfutter, Grünfutter sowie Obst und Gemüse reicht man in separaten Futternäpfen, um ein Aufweichen zu vermeiden. Ebenso ist angekeimtes Futter prinzipiell in separaten Näpfen anzubieten. Bei der Zubereitung von Keimfutter werden Hirsesorten, Sonnenblumenkerne und andere Samensorten in kleiner Menge in einem Sieb gewaschen. Danach kommen die Saaten in eine saubere Kunststoffschüssel, deren Boden mit lauwarmem Wasser bedeckt ist. Nach 24 bis 48 Stunden, wenn die Samen ausreichend Wasser aufgenommen haben, werden sie nochmals gut abgespült und kommen danach in ein trockenes, dunkles Gefäß. Bei relativ hoher Wärme wird das so vorbereitete Futter noch 24 bis 36 Stunden keimen und sollte dann sofort verfüttert werden. Keimfutter ist ständig zu überwachen, denn bereits wenige Stunden nach Beginn des Keimvorgangs wird es säuerlich und damit zu einem Gesundheitsrisiko für unsere Papageien.

Die Nahrungsversorgung der Loris und Fledermauspapageien ist weitaus problematischer als bei den Körnerfressern. Die Fledermauspapageien sind nicht ganz so heikel wie die Loris, denn bei ihnen darf die Futtermischung aus 50 % Samenfutter bestehen. Die andere Hälfte ist ein so genannter Lorinektar. Die Loris sind Pinselzüngler, die sich auf das Fressen von Blüten, Blütennektar, Pollen, reifes weichschaliges Obst und auf Beeren spezialisiert haben. Die Firma Biotropic bietet zwei Grundfuttermischungen für Loris und andere Futterspezialisten unter den Papageien an. Das erste ist Lorinektarextra für die kleinen und empfindlichen Loriarten; das zweite Präparat, Lorinektar, ist für die

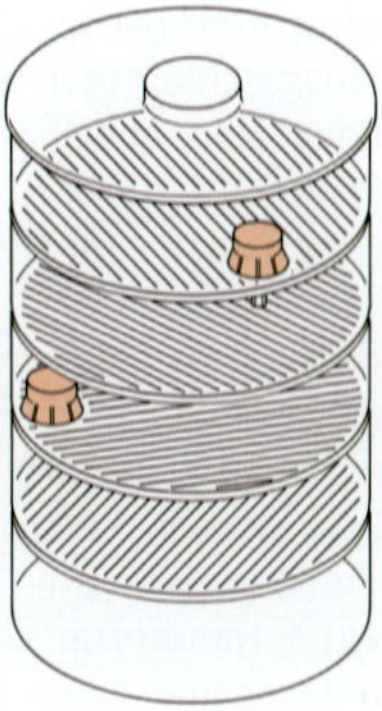

In den Keimsilos können trockene Samenstände wie z.B. Sonnenblumenkerne, Hirsesorten u.a. schnell zum Keimen gebracht werden. Der Nährwert einiger Futtermittel erhöht sich im gekeimten Zustand.

größeren Loriarten gedacht, lässt sich aber auch für Fledermauspapageien und Feigenpapageien verwenden. Ebenso empfiehlt sich Nekton-Lori der Firma Nekton Produkte. Als wasserlösliche Fertignahrung enthält es Kohlenhydrate, Fette, Eiweiß, Vitamine, Mineralien und Spurenelemente.

Niemals darf ein Lori mit Körnerfutter versorgt werden, denn die Lebensweise und das Verdauungssystem dieser Papageien sprechen gegen eine solche Ernährungsweise. Dem Tier wäre bei einer Körnerfütterung ein äußerst kurzes Leben beschieden, zumindest würde es dauerhafte Gesundheitsschäden davontragen.

Gleiches gilt natürlich auch für die Körner fressenden Papageien. Bei mangelhafter und einseitiger Ernährung treten bereits nach kurzer Zeit gesundheitliche Schäden auf.

Auf spezielle Fragen zur Ernährung und Fütterung der einzelnen Papageienarten gehen die im Literaturverzeichnis aufgeführten Einzeldarstellungen zumeist ausführlich ein.

Eingewöhnung der Papageien

Sobald die Papageien zu Hause eingetroffen sind, werden sie behutsam in die vorbereitete Voliere eingesetzt. Der Transportbehälter, in dem sich die Tiere befinden, wird so geöffnet, dass die Vögel ihn selbstständig verlassen und ohne Stress (der Transport in dem engen Behälter hat ihnen sowieso schon sehr viel abverlangt) in die neue Behausung umsteigen können. Ein Anfassen der Papageien ist zu vermeiden. Ergeben sich Schwierigkeiten beim „Umstieg", dann kann man nachhelfen, indem man den Raum verdunkelt. Nun greift man, natürlich hat man sich dicke Handschuhe übergestülpt, die Papageien und setzt sie vorsichtig an eine Gitterwand ihres Käfigs, schließt die Käfigtür und öffnet danach wieder die Rollläden. Nach dieser Aktion verlässt man am besten den Raum. Auch in den nächsten Tagen sollten sich die Störungen, das Hantieren an der Voliere auf das Einbringen von Futter und Wasser beschränken. Die Tiere brauchen jetzt Zeit und Ruhe, sie müssen sich mit der neuen Situation vertraut machen. In der Eingewöhnungszeit sollten andere Haustiere, besonders Hunde und Katzen von den neuen Pfleglingen ferngehalten werden. Ebenso sollten kleine Kinder nicht an den Käfig heran gelassen werden. Beim Herantreten an die Voliere sind schnelle Körperbewegungen zu vermeiden. Langsame Bewegungen und leises, beruhigendes Sprechen übertragen sich auf die Tiere und lassen sie ruhiger werden. Es wird dann nicht lange dauern, bis sich die Papageien mit der neuen Umgebung vertraut machen, sich an die neue Situation anpassen und sich daran gewöhnen. Bedenken Sie aber, dass sich nicht alle Papageien in der Eingewöhnungszeit gleich verhalten. Jedes Individuum hat seinen eigenen Charakter und sein ganz persönliches Verhaltensrepertoire. Manche Vögel sind abwartend, scheu und misstrauisch, andere sind neugierig und forsch, man hat das Gefühl, als suchten sie den Kontakt zum Pfleger. Zeit und Geduld sind bei der Eingewöhnung der Schlüssel zum Erfolg für das zukünftige „Zusammenleben".

Zahme Papageien; Schritte zur Zähmung

Heute ist man bestrebt, Papageien artgerecht (paarweise oder in kleiner Gruppe in großen Volieren) zu halten. Eine Zähmung und die damit verbundene Prägung des Tieres auf den Menschen wird allgemein nicht mehr angestrebt. Trotzdem möchte ich doch einige Tipps zur Zähmung der Papageien geben, denn für viele ältere Menschen ist manchmal ein Papagei das einzige Wesen und Ansprechpartner in ihrem Umfeld und erfüllt somit eine wichtige soziale Funktion. Natürlich eigenen sich handaufgezogene und bereits ganz auf den Menschen geprägte Papageien besonders für eine Einzelhaltung. Viele Züchter von Papageien praktizieren die Handaufzucht, da sie oft die einzige Möglichkeit darstellt, die Jungen aufzuziehen, weil die Elternvögel dazu nicht in der Lage sind. Da der Mensch bei der Aufzucht die Funktion der Eltern vertritt, werden die handaufgezogenen Papageien sehr zahm und besonders anhänglich. Der große Verhaltensforscher Konrad Lorenz hat ja mit seinen berühmten „Gänseexperimenten" bewiesen, wie leicht frisch ausgeschlüpfte Jungtiere zu manipulieren sind. Allerdings findet im Gegensatz zu Gänsen bei den meisten Papageien auch eine sexuelle Prägung auf den Menschen statt. Das bedeutet, dass die Handaufzuchtmethode die Papageien meist so sehr auf den Mensch prägt, dass sie ihn später bei Erreichen ihrer sexuellen Reife auch als ihren Fortpflanzungspartner betrachten. Sobald die per Handfütterung von Züchtern aufgezogenen Papageien die Geschlechtsreife erreichen, wird oft der Umgang mit ihnen problematisch. Die Papageien, besonders die Männchen, neigen dazu, die Wohnung als ihr Revier zu betrachten. Ihr Pfleger, den sie als ihren Partner ansehen und der eine wichtige Rolle in der sozialen (Papageien)Gemeinschaft innehat, wird beschützt. In der Fortpflanzungszeit, die sich durch Balzverhalten ankündigt, wird der Anspruch auf das Revier (Wohnung; bzw. der Raum in dem der Papagei untergebracht ist) deutlich demonstriert. Andere Familienmitglieder, die bislang toleriert wurden und besonders fremde Personen, werden nun heftigst attackiert. Größere Papageien wie Kakadus und Amazonen können dann regelrecht gefährlich sein. Als handzahme Tiere haben sie keinerlei Scheu vor Menschen und so gehen sie, sobald sich der vermeintliche Eindringling in ihrem Revier zeigt, zum Angriff über. Anfliegen und Zubeißen, eine typische Strategie zahmer Großpapageien. Als Pfleger muss man dann auf alles gefasst sein. Schützen kann man sich nur, wenn man selbst den Kampfplatz freiwillig räumt, oder wenn der Papagei unter Verschluss gebracht wird. Da die Brutstimmung

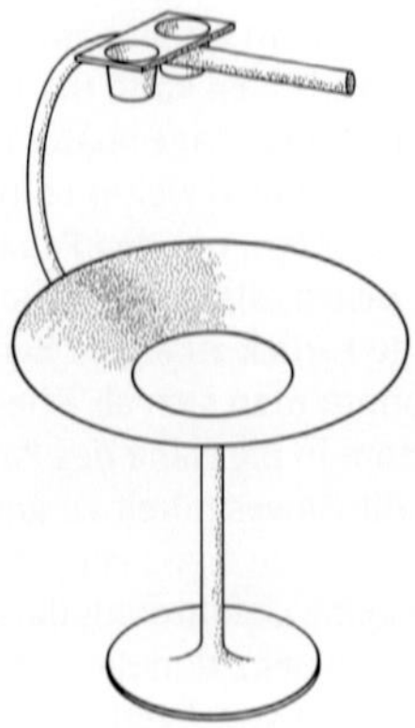

Dieser Papageienständer wird vom Fachhandel angeboten. Er eignet sich vorzüglich für kurzschwänzige Papageien. Bei großen, langschwänzigen Arten kann der Schwanz in der Auffangschüssel anstoßen, was zur Verschmutzung führt.

und das damit einhergehende ausgeprägte Revierverhalten über einen Zeitraum von 3 bis 4 Monaten anhält, kann es durchaus zu Störungen im Familienleben kommen. Eine vorübergehend separate Unterbringung des Tieres ist vielleicht dann die einzige, aber bestimmt nicht die beste Lösung.

Ganz anders verhalten sich natürlich aufgewachsene Papageien. Nur ganz selten werden sie, wenn sie sich eng an den Pfleger angeschlossen haben, den Menschen als ihren Sexualpartner betrachten. Sie werden niemals eine solche Aggressivität entwickeln, wie diese oft bei den handaufgezogenen Tiere zu beobachten ist. Bewohnen mehrere Personen eine Wohnung, dann sind sie in jedem Fall die idealeren Mitbewohner für die Wohnungsgemeinschaft. Sie sind im Umgang mit Sicherheit „pflegeleichter".

Obwohl Papageien (zum Teil nur zeitweise) in sozialen Gruppen leben und ein ausgeprägtes Harmoniebedürfnis haben, kommt es doch immer wieder vor, dass manche sich einfach nicht mit anderen Artgenossen vergesellschaften lassen. Entweder nehmen sie keine Notiz von den anderen, sie ignorieren sie einfach, oder sie zeigen ihre Antipathie und greifen sie an und beißen nach ihnen. Oder, was eigentlich noch schlimmer ist, sie werden von ihren Artgenossen verfolgt und attackiert, ohne sich zu wehren. Wenn schon der Wunsch nach einer Einzelhaltung besteht, dann sollten diese von der Gemeinschaft nicht akzeptierten Tiere beim Erweb bevorzugt werden.

Hat sich dieser bislang attackierte oder unterdrückte Papagei mit seiner neuen Umgebung vertraut gemacht, frisst nun regelmäßig und lässt auch erkennen, dass er sich für seine neue Umgebung interessiert, dann kann man sich nach und nach eingehender mit dem Tier beschäftigen. Prinzipiell bewegt man sich in Nähe des Tieres nur langsam und vermeidet rasche Körperbewegungen. Zuerst wird man sich in die Nähe des Käfigs setzen und mit leiser Stimme auf den Vogel einreden. Bald wird es sich zeigen, welches Futter der Papagei bevorzugt frisst. Diese Leckerbissen reicht man dem Tier mit der Hand durchs Gitter des Käfigs. Es kann Tage, manchmal sogar Wochen dauern, bis der Vogel bereit ist, das ihm angebotene Futter anzunehmen. Allmählich wird er aber erkennen, dass von der Hand, die ihm das Futter anbietet, keine Gefahr mehr ausgeht und so wird er den Leckerbissen annehmen. Dabei wird er sich ganz bedächtig und vorsichtig der

Hand nähern, und dann auf einmal blitzschnell mit seinem Schnabel nach dem Futterstück greifen und sich gleich darauf in seine hinterste Volierenecke zurückziehen. Das Eis ist gebrochen, der Papagei akzeptiert seine Situation und wird nun allmählich den Kontakt zum Menschen suchen. In dieser Anfangsphase des Aneinandergewöhnens sollte der Vogel nicht überfordert werden. Jetzt kann man dazu übergehen, dem Tier die Leckerbissen mit der Hand durch die offene Volierentüre zu reichen. Natürlich verfährt man mit größter Vorsicht und achtet immer darauf, dass die Hand so geführt wird, dass sie von vorne und unter Sitzhöhe an den Papagei herangebracht wird. Die Hand über Kopfhöhe signalisiert dem Papageien Gefahr und setzt ihn in Panik.

Jetzt kommt auch die Zeit, in der der Vogel seinen ersten Ausflug im Zimmer unternehmen kann. Für beide, den Pfleger sowie den Papagei steht ein abenteuerliches Erlebnis bevor. In unmittelbarer Nähe von Käfig oder Voliere wird ein Kletterbaum aufgestellt; der Abstand sollte etwa nur einen Meter betragen. Zwischen Volierentür und Kletterbaum wird ein Ast angebracht, um dem Papagei das Überwechseln zu erleichtern. Eine große Tür im Käfig oder der Voliere wird sich nun als besonders vorteilhaft erweisen, weil der Vogel ungehindert hinausklettern kann. Ein „mutiger“ Papagei wird sich schnell auf das Abenteuer einlassen, seinen Freiraum gleich nutzen und die neue Umgebung erkunden. Ein reservierter Vogel bleibt weiterhin in seiner Behausung, die ihm zwischenzeitlich vertraut ist und Sicherheit bietet, und wagt vielleicht erst nach einigen Tagen den Schritt hinaus ins „Freie“. Mit auf dem Freisitz angebrachten Leckerbissen kann man aber die Aktion forcieren. Tage später kann der Freisitz allmählich weiter vom Käfig weggerückt werden, um den Papagei dazu zu bewegen, die Strecke auch einmal im Fluge zurück zu legen. Bei allen Aktionen bringt man sich als Pfleger immer behutsam in die Nähe des Papageis, um ihn an die Anwesenheit zu gewöhnen und um ihm zu signalisieren, dass der Pfleger keine Gefährdung darstellt. Die ständige Präsenz und die Nähe des Pflegers wird den Vogel vertrauter machen und man wird beobachten können, wie das Tier sein Misstrauen abbaut, und bald darauf wird der Papagei von selbst die Nähe zum Pfleger suchen.

Der sprechende Papagei

Parallel mit den ersten Schritten zur Zähmung läuft auch der Versuch, dem Papagei das Nachahmen von Worten, Pfiffen und Melodien beizubringen. Es gibt allerdings Papageienarten, die keinerlei Begabung zum Erlernen von Worten und zum Nachahmen haben, die große Mehrzahl der Papageien ist sprechunbegabt. Einige Arten bringen aber hoch spezialisierte Nachahmer hervor. Sehr gute Sprecher findet man unter den Wellensittichen. Leider kann deren Geplauder auf Anhieb nur vom Pfleger und anderen vertrauten Personen verstanden werden. Freunde tun sich meistens schwer, aus dem vom Tier vorgebrachten Gezwitscher Worte oder Melodien zu erkennen. Bei einigen größeren Papageienarten ist es ohne weiteres möglich ihr „Sprechen“ deutlich zu verstehen.

Als der beste „Sprachkünstler" gilt der aus Afrika stammende Graupapagei. Nicht nur dass er Worte, Pfiffe, Melodien und Geräusche ganz verständlich von sich gibt, er ist auch in der Lage, in unterschiedlichen Tonlagen zu sprechen. So beherrscht er eine tiefe Tenorstimme ebenso wie eine weibliche Hochstimme. Vorzüglich versteht er es, das Geschrei eines Babys nachzuahmen. Geradezu frappierend ist die Fähigkeit der Graupapageien, das Gelernte situationsgerecht anzubringen. So gibt es Individuen, die einen morgens regelmäßig mit einem „Guten Morgen" begrüßen. Betritt man im Laufe des Tages den Raum, so lassen sie ein kräftiges „Grüß Gott" oder „Guten Tag" hören. Am Abend wechseln sie dann zu einem „Guten Abend" über. Andere sagen, wenn man den Raum verlässt „Ade" oder „Auf Wiedersehen". Man ist geneigt zu glauben, dass der Vogel denkt und die jeweilige Tageszeit richtig einschätzen kann, um das entsprechende Grußwort anzubringen. Graupapageien, natürlich nicht alle Vertreter ihrer Art sind Imitationskünstler par excellence. Ein Vogelpfleger, er einen gut sprechenden Gaupapagei besaß, hielt gleichzeitig einen Wiedehopf, der mit dem Namen „Höpfchen" gerufen wurde. Bald hatte es der Graupapagei heraus, wie der Wiedehopf gerufen werden musste, denn es erklang oft ein „Höpfchen". Der Wiedehopf starb. Der Graupapagei gab das Wort „Höpfchen" nicht mehr von sich. Als nach vielen Jahren wieder ein Wiedehopf im Haus Einzug hielt, erschallte aus der Ecke des Graupapageis ein liebevolles „Höpfchen".

Es gibt viele Episoden über das situationsgerechte Sprechen des Graupapageis. Als unerfahrener Beobachter ist man hierüber mehr als erstaunt. Es gibt Amazonen, besonders die Gelbscheitel- und die Blaustirnamazone, die ähnlich begabt sind wie der Graupapagei. Sie lernen ein großes Repertoire an Worten und Sätzen und verstehen es meist ebenfalls, dies passend anzubringen.

In der Regel sind junge Papageien zum Lernen von Worten, Pfiffen etc. aufnahmefähiger. Die Jugendzeit ist die Prägezeit, d. h., dass der Vogel in seinem natürlichen Lebensraum von seinen Eltern und später nach der Integration in den Schwarm von anderen Artgenossen lernt, wie man z. B. Futtergründe erschließt, sichere Ruhebäume ausfindig macht, erfolgreich Nahrungskonkurrenten vertreibt, oder wie man Feinden entkommt. Er ist deshalb in seiner Jugendzeit – in der Regel bis zum Eintritt der Geschlechtsreife – besonders aufnahmefähig. Das soll aber nicht heißen, dass ältere Vögel nicht mehr lernfähig sind, sie tun sich in der Regel nur etwas schwerer.

Papageien, die außerhalb der Brutzeit in ihren Lebensräumen in Familienverbänden, Gruppen und teilweise auch großen Schwärmen leben, geben nur arteigene Laute von sich. Man konnte zwar beobachten, wie sie auf Lautäußerungen anderer Vogelarten, besonders Alarmrufe anderer Papageienarten reagieren, aber niemals nahmen sie artfremde Laute an oder gaben solche von sich. Papageien imitieren in freier Natur nicht, sie tun dies nur, wenn sie mit Menschen zusammenleben.

Wie ich bereits erwähnte, ist nicht jede Papageienart in der Lage, artfremde Laute zu erlernen, aber das Gros kann doch einige wenige Worte, Pfiffe oder sonstige Geräusche aufnehmen und meistens in leicht verzerrter Form wiedergeben.

Die Laute, die man dem Papagei beibringen möchte, sollte man ihm ständig in normaler Tonlage und deutlichen Aussprache vorsagen. Zuerst verwendet man kurze, zweisilbige Worte die mit a oder o enden, Wort wie Jako, Coco, Lora, Ara, Mama, Papa oder Ähnliche. Einige Arten aus der Gruppe der Aras haben in ihrem Lautrepertoire „ara“ oder „arara“ und gaben sich so ihren eigenen deutschen und wissenschaftlichen Namen. Häufig lassen Aras diese Laute hören, ohne dass sie nachahmen. Einige andere Papageien haben typische Rufe, die artfremd klingen. Man vermutet, dass diese Rufe erlernt wurden. So stoßen Blaustirnamazonen Rufe aus, die wie das Bellen eines Hundes klingen. Aber auch innerhalb der verschiedenen sprechbegabten Arten gibt es ganz unterschiedliche Talente.

Wichtig für den Pfleger ist, dass er immer wieder die Worte, die der Vogel erlernen soll, vorsagt. Irgendwann wird der Papagei versuchen, die Laute wiederzugeben. Natürlich macht es dem Vogel Schwierigkeiten, die artfremden Laute zu formulieren. Es wird daher lange dauern, bis das erste Wort einigermaßen verständlich ertönt. Hat der Vogel einmal einige Worte gelernt, so fällt ihm in der Regel das Lernen weiterer Worte oder ganz ganzer Sätze wesentlich leichter.

Vielleicht haben Sie einen Papagei, der sich zum Sprachgenie entwickelt. Sollte er weniger oder überhaupt nicht sprachbegabt sein, so wird er Ihnen bestimmt durch andere Eigenschaften ans Herz wachsen.

Typische Verhaltensweisen

Papageien lieben die Gesellschaft. In ihren Heimatgebieten finden sich oft Tausende zusammen, um gemeinsam das Tagesgeschehen, wie Fressen, Sichputzen, Baden und Schlafen, zu bestreiten. Innerhalb der großen Gruppe, dem Schwarm, gibt es aber noch engere Gemeinschaften, nämlich die Paare. Nahezu alle Papageienarten leben monogam, d. h., sie führen Zeit ihres Lebens eine Einehe. Nur beim Tod eines Partners gehen sie eine neue Bindung ein. Dieser Umstand der sozialen Bindung ist bei der Haltung in menschlicher Obhut von besonderem Vorteil, da ein einzelner ohne Artgenossen sich eng an den Menschen anschließt. Besonders die großen Arten wie etwa Aras, Amazonen, Kakadus oder der Graupapagei zeigen eine extreme Paarbindung und verlieren sich nur während der Brutzeit aus dem Sichtkontakt, denn während die Weibchen brüten, beschaffen die Männchen die Nahrung. Außerhalb der Brutperiode leben die Paare immer zusammen. Selbst während des Fluges im Schwarm sind sie so dicht nebeneinander, dass sich fast die Flügel berühren.

Jeder verantwortungsvolle Halter eines Papageis soll nicht nur sondern muss dieser papageientypischen Verhaltensweise gerecht werden und darf den Pflegling nur selten alleine lassen. Von Vorteil ist es, wenn andere Familienmitglieder im gleichen Haushalt leben, so dass immer eine Person anwesend ist und Sicht- und Sprechkontakt zum Vogel halten kann. Für Berufstätige und Personen, die wenig zuhause sind, kann ein Papagei niemals ein Haustier sein, das sich wohl fühlt und sich zum „opti-

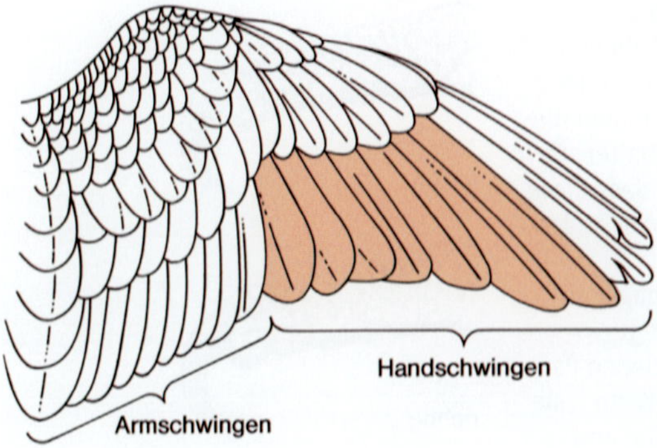

Um die Flugfähigkeit des Papageis etwas einzuschränken, empfiehlt es sich, einige Federn der Handschwingen herauszuschneiden. Die ersten zwei bis drei Schwungfedern lässt man beim „Schnitt“ stehen. Prinzipiell werden aber nur ganz herausgewachsene Federn beschnitten. Das Beschneiden der Schwungfedern sollte von einem Fachmann durchgeführt werden.

malen Hausgenossen“ entwickeln wird.

Nach den mitunter langen Monaten der Eingewöhnung wird es der Vogel lieben, wenn er seinen Käfig verlassen darf und sein Plätzchen auf der Schulter von Frauchen oder Herrchen einnehmen kann. Je intensiver der Kontakt zum Papagei gestaltet wird, umso wohler fühlt sich das Tier. Es lässt sich genau beobachten, wie der Vogel dem Zeitpunkt entgegenfiebert, an dem er aus seinem Käfig darf, um dann gekrault oder gestreichelt zu werden. Vergisst man einmal das morgendliche Begrüßungszeremoniell, dann kann er sich beleidigt in eine Käfigecke zurück ziehen und „schmollen“. Meistens genügen ein paar vertraute Worte oder auch ein Leckerbissen, um ihn wieder für sich zu gewinnen.

Wer seinen Papagei genau beobachtet, wird feststellen, dass das Tier einen sehr geregelten Tagesablauf hat. So wechseln sich täglich Aktivitäten und Passivitäten in einem bestimmten Rhythmus ab. In der Regel wird am Morgen intensives Gefiederputzen die erste Aktivität sein. Danach wird der Papagei ausgiebig fressen und trinken. Wenn er damit fertig ist, erwartet er, herausgelassen zu werden, um dann auf den Ästen des Freisitzes turnen zu können. Kleinere Papageienarten werden auch gerne einige Runden durchs Zimmer fliegen. Größere Arten fliegen innerhalb der Räume nicht so häufig, sie legen ihre „Wegstrecke“ lieber kletternd oder laufend zurück. Trotzdem sollte man bemüht sein, auch sie zum Fliegen zu bringen, da sonst ihre Flugmuskulatur erlahmt.

Nach dieser ausgiebigen Aktivphase fressen die Vögel meistens nochmals, um danach gut 3 bis 4 Stunden lang zu ruhen. Diese Passivphase wird meistens nur durch kurze Gefiederpflege unterbrochen.

Am Nachmittag wird der Papagei erneut aktiv. In dieser Zeit wird er auch nochmals ausgiebig fressen und trinken. Deutlich lässt sich zu Beginn der Dämmerung, oft schon eine Stunde vorher, feststellen, wie den Papagei eine Unruhe befällt. Dies ist der Zeitpunkt, an dem er in seinem natürlichen Lebensraum zu seinem angestammten „Schlafbaum“ zurückfliegen würde. Das Aufsuchen eines sicheren Übernachtungsplatzes ist ja von großer Bedeutung für ihn, geradezu eine „Lebensnotwendigkeit“. Papageien, die in 2. oder 3. Generation gehalten werden, haben diese Abendunruhe in ihrem Verhaltensrepertoire bereits verdrängt, so dass diese Unruhe bei ihnen allenfalls noch andeutungsweise zu erkennen ist.

Die Nacht verbringt der Papagei auf dem im Käfig am höchsten angebrachten Ast. Zum Schlafen ziehen Papageien in der Regel einen Fuß ein – sie sitzen also nur auf einem Fuß – und strecken ihren Schnabel zwischen die Federn am Oberrücken. Es gibt aber auch viele Papageien, die mit eingezogenem Fuß aufrecht dasitzen, ohne das Köpfchen zum Rücken hin zu drehen.

Während der so genannten Passivphasen sollte man seinen Papagei in Ruhe lassen. Sobald aber dieser Phase Aktivitäten folgen, darf und muss man den Vogel beschäftigen. Willkommen in solchen Situationen sind z. B. frische Äste, auf denen er herumturnen kann. Gleichzeitig kann das Benagen und Abschälen der Rinde ein zusätzlicher Zeitvertreib sein. Ein frei hängendes, stabiles Hanfseil erfüllt ebenfalls diesen Zweck.

Es gibt Papageien, die sich gerne auf dem Boden aufhalten und sich dort beschäftigen. Für solche Arten sollte man ein Brett mit einem Rand bereithalten, auf das ausgestochene Grassonden und morsche Ast- und Baumstücke kommen, die die Papageien tatenlustig und mit größtem Wohlbehagen untersuchen.

In der Regel haben es Papageien gerne, wenn sie sich im Regen tummeln können. Mit sichtlichem Behagen spreizen sie die Flügel und stellen die Federn, um möglichst viel Regen abzubekommen. Manche hängen sich kopfunter mit den Füßen in die Zweige, um auf diese Art das köstliche Nass zu genießen. Oft finden sie gar kein Ende beim Baden, dann kann es sogar passieren, dass sie vorübergehend flugunfähig werden; in ihren Heimatländern trocknen die durchnässten Federn durch die hohen Temperaturen relativ schnell.

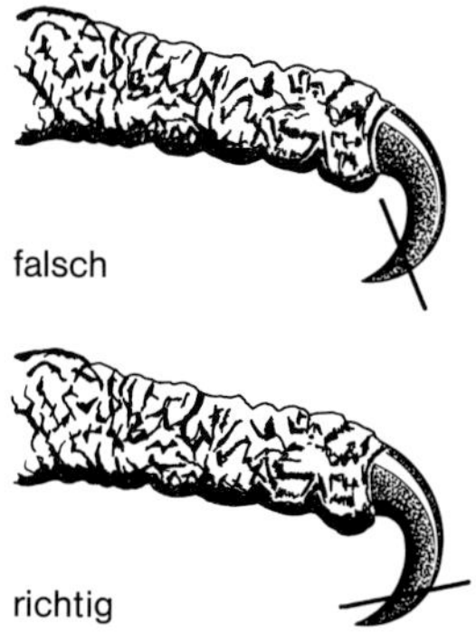

Bei sachgerechter Haltung wird es nicht zu einem übermäßigen Wuchs der Krallen kommen. Sollte trotzdem ein Krallenschnitt notwendig werden, sollte man ihn von einem Fachmann ausführen lassen.

Baden und Duschen trägt wesentlich zum Wohlbefinden des Tieres bei. Daher muss dem Pflegling bei einer Haltung in der Wohnung eine Bademöglichkeit eingerichtet werden. Eine Schüssel mit niedrigem Rand und aufgerautem Boden (dadurch wird ein Ausrutschen vermieden) aufgefüllt mit lauwarmen Wasser ergibt ein ideales Papageienbad. Der Rand der Schüssel muss nieder sein. Die Höhe des Wasserstandes sollte bei den kleineren Arten nicht mehr als 1–2 cm betragen. Bei den größeren Papageien reichen 2–4 cm Wasserstand aus. Wenn die Badeschüssel frei im Raum und in etwa 1 m Höhe über dem Fußboden steht und dann noch einen Zugang in Form, eines Astes oder einer Stange hat, so wird der Papagei seinen Badeplatz bald annehmen. Natürlich bleibt es nicht aus, dass im näheren Umkreis der Schüssel während des Badens alles nass gespritzt wird.

Es gibt auch Papageien, die überhaupt nicht baden wollen sich aber meistens abduschen lassen. So genannte Wasserzerstäuber (Blumenspritzen) sind hierfür sehr geeignet. Die frühen Mittagsstunden bieten sich zum Duschen und Baden am besten an, da anschließend genügend Zeit zum Trocknen der Federn bleibt. Beim Abduschen sollte der Vogel seinen Platz auf dem Freisitz aufsuchen. Hier besteht die Möglichkeit, während des Besprühens die Flügel auszubreiten und auch mit den Flügeln zu schlagen.

Dem Duschen oder Baden folgt eine lang andauernde Putzphase. Mit Ausdauer zieht der Papagei jede erreichbare Feder vom Kiel bis zur Spitze durch den Schnabel, um sie zu glätten und zu ordnen. Gleichzeitig wird der an den Puderdunen austretende Puder über die Federn verteilt. Der Puder ist Wasser abweisend und verhindert ein ungewolltes Nasswerden.

Die Pflege des Gefieders nimmt überhaupt einen großen Teil der Zeit im Leben des Papageis in Anspruch. Sehr gerne hat es der Vogel, wenn der Pfleger ihm dabei „hilft“. Mit Hingabe und Ausdauer wird er sein Köpfchen hinhalten, um am Kopfgefieder gekrault zu werden. Zum Zeitpunkt der Mauser, wenn verstärkt die alten Federn abfallen und durch neue ersetzt werden, haben es die Pfleglinge besonders gern, wenn man ihnen das Gefieder krault.

Das Kopf-, Hals- und Nackengefieder, das die Tiere mit ihrem Schnabel nicht erreichen können, präsentieren sie genüsslich zum Kraulen. Selbstverständlich darf nicht jede Person den Papagei kraulen. Die kleineren Arten sind zwar hierbei nicht allzu wählerisch und lassen sich auch einmal von einer fremden Person anfassen. Kritischer sind die größeren Exemplare; ein Fremder wird sie kaum berühren dürfen. Graupapageien, Amazonen, Kakadus und Aras reagieren noch extremer. Exemplare dieser Gattungen schließen sich meistens sehr eng an eine Person, in der Regel den

a

b

Die Schnabelspitze eines Papageis nützt sich bei regelmäßigem Beknabbern von Ästen gleichmäßig ab (Abb. a). Sollte der Oberschnabel trotzdem überlang werden (Abb. b), so muss die Spitze von einem Fachmann beschnitten werden.

Pfleger, an. Familienmitglieder dulden sie noch in ihrer Nähe, lassen sich von diesen auch anfassen, sind aber bei Unbekannten sehr zurückhaltend. Es gibt sogar Arten, deren Angehörige nur auf eine Person bezogen sind. Diese Person findet von diesen Tieren Anerkennung als Partner (Partnerersatz). Andere Menschen, die in ihre Nähe kommen, werden angegriffen und vertrieben.

Dieses Verhalten zeigen besonders männliche Papageien, die geschlechtsreif und brutlustig sind. Einzeln gehaltene Papageien werden, wenn sie geschlechtsreif sind (die Geschlechtsreife tritt je nach Art zwischen dem 1. und 5. Lebensjahr ein), trotz Fehlen eines Partners brutlustig und zeigen dann brutbiologische Verhaltensweise. Brutlustige Papageien können gegenüber fremden Personen sehr aggressiv werden. Die Aggressivität kann so weit gehen, dass fremde Personen angeflogen und gebissen werden. Mit brutlustigen Papageien

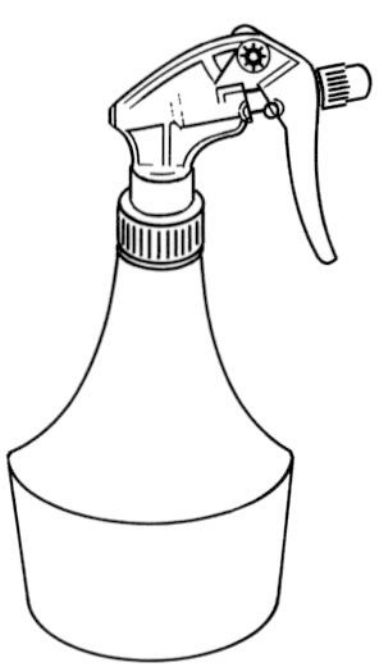

Die meisten Papageien genießen es, im Regen zu baden und ebenso schätzen es Papageien, die in der Wohnung gehalten werden, wenn man sie aus einer Blumenspritze mit lauwarmem Wasser besprüht.

ist immer Vorsicht geboten, zumal sie, wenn sie zahm sind, keinerlei Scheu vor dem Menschen zeigen. Also Vorsicht, der Biss eines Papageis kann große Wunden hinterlassen.

Ich möchte auf einen Umstand hinweisen, der mir sehr erwähnenswert erscheint. Immer wieder beobachte ich, wie der Umgang mit dem Papagei zu sehr vermenschlicht wird und teilweise so weit geht, dass das Tier am gedeckten Tisch „mitessen" darf. In solchen Situationen geht die Tierliebe zu weit, außerdem tut man dem Vogel nichts Gutes, wenn er gewürzte und vor allem gesalzene Speisen erhält.

Nichts einzuwenden ist gegen ein Stück Vollkornbrot, bestrichen mit einer hauchdünnen Schicht Quark, oder ein Stückchen Zwieback, das dem Tier in seinem Käfig oder auf seinem Freisitz gereicht wird.

Ein oder mehrere Papageien im Käfig?

Obwohl Papageien Schwarmvögel sind, ist es gar nicht so einfach, sie bei Haltung in Käfigen und Volieren mit Artgenossen oder anderen Vogelarten zu vergesellschaften. Sie harmonieren, vorausgesetzt der Käfig oder die Voliere sind ausreichend groß, mit Singvogelarten oder auch Tauben. Von diesen Arten nehmen sie in der Regel keinerlei Notiz und respektieren deren Anwesenheit. Ganz anders sieht es aus, wenn man sie mit Artgenossen oder verwandten Arten zusammenbringt. Hier kann es unter Umständen zu schweren Beißereien kommen, die, besonders in engen Käfigen, zu ernsthaften Verletzungen führen können. Abgebissene Krallen oder Zehen sind dann oft nur die kleineren Verletzungen, die bei den „Raufereien" zurückbleiben.

Bei der Anschaffung eines zweiten Papageis sollte man daher äußerst vorsichtig vorgehen. Niemals darf der „Neue" sofort mit dem „Alten" zusammengebracht werden. Auch wenn beide Tiere sofort miteinander harmonieren, so wird es sich nicht verhindern lassen, dass der „Alte" den Neuankömmling unterdrückt. Er hat ihm gegenüber ja den Vorteil, dass er mit der Umgebung und den Pflegern vollständig vertraut ist. Für den Neuankömmling ist dagegen alles fremd. Wenn er in dieser Situation von dem Papagei, der schon lange dieses Heimrecht nutzt, bedrängt wird, dann zieht er sich ohne Gegenwehr zurück. Die Folge darauf ist, dass er auch noch später, wenn er sich bestens eingewöhnt hat, immer der Unterdrückte sein wird und sich niemals erfolgreich zur Wehr setzt. Um dies zu verhindern, wird der Neuankömmling in einem extra für ihn bereitgestellten Käfig untergebracht, während der Papagei, der schon lange im Haushalt lebt, für die Dauer der Eingewöhnungszeit des Neulings in seinem eigenen Käfig bleibt. Sein täglicher Freiflug findet in anderen Räumlichkeiten statt, so dass er den Käfig des Neuankömmlings nicht belagern kann. Der Neuling findet so die Ruhe, um sich an die neue Umwelt zu gewöhnen. Da beide Käfige nebeneinander stehen, haben die Tiere Gelegenheit, sich ständig zu beobachten und aneinander zu gewöhnen. In der Regel wird der neu hinzugekommene Papagei relativ schnell zahm, da er sieht, dass der Artgenosse in Harmonie mit dem Pfleger lebt und vor diesem keine Angst hat. Bei seinen ersten Ausflügen aus dem Käfig darf der „Alte" natürlich nicht gleichzeitig heraus. Auch hier braucht der Neue Zeit, um mit der Situation vertraut zu werden. Bald ist aber die Zeit gekommen, wo man die Papageien gleichzeitig herauslassen kann. Beide sind jetzt chancengleich und werden sich dementsprechend aufeinander zu bewegen. Wenn diese Form des Aneinandergewöhnens gewählt wird, wird es nur in den seltensten Fällen zu Unstimmigkeiten beider Vögel beim ersten direkten Kontakt kommen. Sollte es jedoch Beißereien geben, so müssen die Streithähne sofort getrennt werden. Dann werden die Papageien erst bei einem zweiten oder dritten Versuch zueinander finden.

Natürlich gibt es Papageien, die sich auch mit artgleichen Exemplaren kaum mehr vergesellschaften lassen. Sie sind so stark auf den Menschen geprägt, dass sie arttypisches Verhalten kaum noch erkennen und sich selbst nicht mehr arttypisch verhalten. Bei diesen Tieren kann der Prozess des Aneinandergewöhnens oft Monate dauern.

Probleme gibt es, wenn man bereits im Besitz von zwei Exemplaren ist und diesen einen neuen Papagei hinzufügen möchte. Papageien leben bekanntlich monogam, d. h. sie führen eine lebenslange Einehe, die auch beim Leben im Schwarm als besonders enge Bindung bestehen bleibt. Stellt man jetzt bei der Haltung zwei Exemplare zusammen (jedes Exemplar kann sogar einer anderen Art angehören), so kann durchaus der Fall eintreten, dass diese Tiere so miteinander harmonieren, dass sie keine anderen Exemplare in ihrer Nähe dulden. Es kann aber auch sein, dass sich ein

„Alteingesessener“ dem „Neuen“ zuwendet und der zweite „Alte“ dann nicht mehr beachtet wird. Zu dritt werden Papageien nur in den seltensten Fällen harmonieren. Ich persönlich finde es nicht erstrebenswert, mehr als zwei Exemplare zu halten. Dies gilt natürlich nicht, wenn man sich mit dem Gedanken trägt, eine Zucht mit Papageien zu beginnen.

Gefahren im Haus

Der in der Wohnung gehaltene Papagei ist ständig Gefahren ausgesetzt, die seine Gesundheit und sein Leben bedrohen können. So kann schon ein Fenster, dessen Gardinen zurück gezogen sind, eine tödliche Unfallquelle sein. Ein kleiner Papagei, der bereits kurz nach dem Abfliegen eine hohe Fluggeschwindigkeit erreicht, wird sich, wenn er im rechten Winkel auf die Fensterscheibe aufprallt, das Genick brechen. Auch wenn der Pflegling im Laufe der Zeit die Scheibe als Hindernis erkennen wird und ein Dagegenfliegen vermeidet, so wird er dies doch im Schreck vergessen und kopflos gegen die Scheibe fliegen. Ohnehin muss man bei Papageien stets mit einem plötzlichen Erschrecken rechnen. Viele Papageien sind so zahm, dass man mit ihnen, wenn sie auf die Schulter sitzen, jederzeit ins Freie treten kann. Ich kenne Halter, die ihre Tiere im Sommer tagsüber frei sitzend im Garten halten. Dies ist eine sehr empfehlenswerte Haltungsform. Man sollte aber dabei berücksichtigen, dass der Vogel aufgeschreckt werden kann, das Weite sucht und in seiner Panik mehrere Kilometer weit fliegt. Selten findet er zurück, da er seinen bisherigen Aufenthaltsort aus der Luft nicht wieder erkennt. Um das Entfliegen zu verhindern, ist ein Stutzen der Schwungfedern empfehlenswert.

Ein Vorhang ist ebenfalls ein Gefahrenherd, der schwere Verletzungen verursachen kann. Wenn der Papagei hineinfliegt und mit seinen Krallen und Zehen in den feinen Maschinen hängen bleibt, wird er sofort in Panik geraten. Er schlägt unkontrolliert mit den Flügeln und verheddert sich dadurch noch mehr. Hierbei kann er sich die Beine oder Flügel brechen und andere Verletzungen zuziehen. Selbst eine Gardinenschnur birgt Gefahren in sich und sollte durch eine Stange ausgetauscht werden. Die Bleibänder in den Säumen der Vorhänge führen zu Vergiftungen mit oftmals tödlichem Ausgang, wenn es dem Papagei gelingt, ein Bleikügelchen abzureißen.

Zahme Papageien, die sich in der ganzen Wohnung frei bewegen, können alles erreichen was herumsteht. So müssen Arzneimittel, Kugelschreiber, Zigaretten, Zigarettenkippen in Aschenbechern, giftige Zimmerpflanzen, um nur einige wenige Gefahrenquellen zu nennen, zuvor entfernt werden.

Andere Haustiere, wie Katzen oder Hunde, stellen ebenso eine ständige Gefahr dar. Auch wenn sich die Katze oder der Hund noch so stark an das Leben mit dem Vogel gewöhnt hat, kann es trotzdem immer zu neuen Konfliktsituationen kommen, die die so genannten Hemmschwellen ausschalten. Ich weiß von einigen Fällen, in denen Papageien beim so genannten Spiel mit Hunden zu Tode kamen.

Gerne setzen sich Papageien auf offen stehende Türen. Die Gefahr, dass den Vögeln hier beim Schließen der Tür die

Zehen eingequetscht werden, ist sehr groß. Daher sollte man gleich von Anfang an versuchen, dies den Vögeln abzugewöhnen; man muss sie, sobald sie sich auf der Tür niedergelassen haben, behutsam vertreiben. Andere gefährliche Sitzplätze wird man beseitigen oder die Vögel von dort so lange vertreiben bis sie merken, dass sie dort nicht sitzen dürfen.

Eine nicht zu unterschätzende Gefahrenquelle bilden auf Putz verlegte oder freiliegende Stromkabel. Ein Beknabbern kann tödliche Folgen haben.

In der Küche z. B. sind offene Flammen am Gasherd, heiße Herdplatten, heiße Töpfe und Pfannen besondere Gefahren. Ebenso können Gewürze, Salz, Essig oder andere Küchengewürze, die der Vogel frisst, Magenverstimmungen und Brechreiz verursachen oder Langzeitschäden auslösen. Alkoholische Getränke sind für einen Papagei auch in kleinster Menge äußerst gefährlich.

Jede Wohnung birgt natürlich ihre eigenen Gefahrenquellen, so dass es mir gar nicht möglich ist, auf alle Möglichkeiten hinzuweisen. Jeder Pfleger kann aber, wenn er bewusst sein Tier und dessen Aktionsradium im Auge behält, viele Gefahrenquellen ausschalten oder zumindest entschärfen.

Wie ist es mit der Zucht?

Die interessanteste und sinnvollste Art, Papageien zu halten, ist mit Sicherheit die paarweise Haltung mit dem Ziel, die Vögel zur Fortpflanzung zu bringen. Bei gut eingewöhnten, einzeln gehaltenen Papageien wird man jährlich immer wieder beobachten, wie die Tiere auf einmal ihr Verhalten ändern. Meistens treten diese Veränderungen im Frühjahr auf: der naturgegebene Drang zur Fortpflanzung erfasst den Vogel. Selbst beim einzeln gehaltenen Tier ist dieser Zyklus durch sich steigernde Balzaktivitäten deutlich zu beobachten. Das „Imponieren“, das sich beispielsweise durch langsames Schreiten auf der Sitzstange anzeigt, wobei bei einigen Arten die Flügel leicht aufgestellt und/oder die Schwanzfedern gespreizt werden, ist in der Regel die erste Stufe der Balz. Im Laufe der Zeit steigern sich die Balzaktivitäten, und es kann sogar so weit kommen, dass allein gehaltene Weibchen Eier ablegen und diese dann, natürlich erfolglos, bebrüten. Männchen können in der Zeit der verhinderten Fortpflanzung so aggressiv werden, dass sie nur noch ihren Pfleger (der oftmals als Partner betrachtet) in unmittelbarer Nähe dulden. Andere, besonders fremde Personen, werden dann häufig angegriffen. Hier treten deutlich die Elemente der Revier- und Nestverteidigung zu Tage, die ja einen wesentlichen Bestandteil der Brutaktivitäten bilden.

Derjenige, der seinen Vogel optimal halten möchte, sollte versuchen, für sein Einzeltier ein gegengeschlechtliches Partnertier zu finden. Sicher werden sich die Papageien dann etwas vom Pfleger abwenden und nicht mehr so zahm sein wie ein „Solist“, aber ihm dafür Gelegenheit bieten, die Verhaltensweisen bei der Balz, das Brüten und – vielleicht sogar – die Aufzucht der Jungen zu beobachten.

Eine Zucht mit Papageien ist nicht einfach und erfordert ein Höchstmaß an Geduld. Außerdem verlangt der Gesetzgeber von einem Züchter nicht nur Fach-

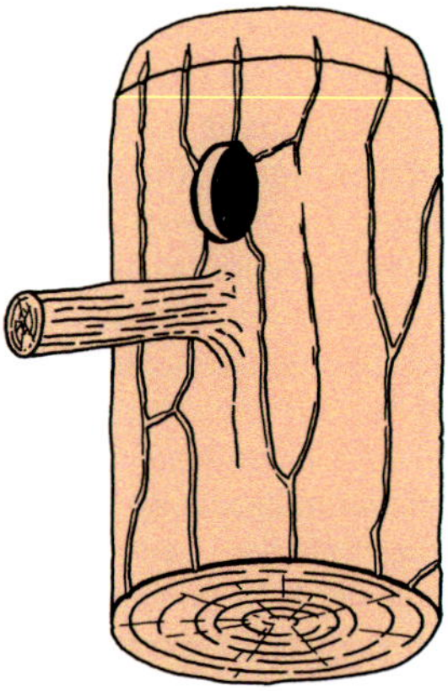

Papageien sind überwiegend Höhlenbrüter. Nisthöhlen in Baumstämmen geben die beste „Kinderstube" ab und sind dem aus Brettern zusammengefügtem Nistkasten vorzuziehen.

wissen, sondern auch Räumlichkeiten, die bestimmten Mindestanforderungen genügen müssen. Grundlage und Maßstab zur Erteilung einer amtlichen Zuchtgenehmigung bildet die 1975 erlassene Psittacose-Verordnung, nach der z. B. verlangt wird, dass bei Ausbruch einer Seuche die Möglichkeit besteht, die Papageien in Räumlichkeiten unterzubringen, in denen sie vollkommen isoliert von der Umwelt behandelt werden können. Außerdem sind die Züchter verpflichtet, ein amtliches Zuchtbuch über den Erwerb, den Verkauf, die Beringung der nachgezüchteten Papageien sowie über durchgeführte Krankheitsbehandlungen der Tiere zu führen. Die Einhaltung dieser Verordnung wird sorgfältig überwacht, behördliche Kontrollen sind jederzeit möglich.

Für die Genehmigung und Überwachung sind die Landratsämter, Ordnungsämter und veterinär-ärztlichen Dienststellen zuständig. Es empfiehlt sich, schon bei der Planung einer Zucht diese Behörden zu informieren und deren Hinweise zu berücksichtigen. Die einschlägige Fachliteratur, die bei den Beschreibungen der einzelnen Papageiengattungen aufgeführt ist, gibt ausführliche Auskunft zu allen Fragen der Zucht.

Da Papageien – vermutlich alle Arten – monogam leben ist es meist schwierig, für die Zucht harmonierende Partner zu finden. Häufig kommt es daher nur zu einer Zwangspaarung. Auch besteht bei der Zusammenstellung eines Paares noch ein weiteres Problem, da ein Großteil der Papageienarten keine geschlechtsspezifischen Unterscheidungsmerkmale zeigt, so dass nicht einmal mit Sicherheit gesagt werden kann, welches Tier ein Männchen und welches ein Weibchen ist. Es gibt zwar einige minimale Merkmale, aus denen sich jedoch keine eindeutige Unterscheidung ergibt. Männchen haben oft einen wuchtigeren und rundlicheren Kopf, oft ist auch der Schnabel größer als bei den Weibchen. Intensivere Gefiederfärbung kann manchmal ebenfalls ein Merkmal sein, hängt aber hauptsächlich mit der Fütterung zusammen und ist daher nicht allzu aussagekräftig. In der Regel sind Männchen auch aggressiver als Weibchen. Recht sichere Indizien für die geschlechtsspezifische Bestimmung sind bei verschiedenen Arten, vorausgesetzt die Exemplare sind geschlechtsreif und brutlustig, die typischen Verhaltenselemente. Die Männchen zeigen häufig anderes Balzverhalten als die Weibchen. Selbstverständlich wird sich ein Neuling auf dem Gebiet der Papageienhaltung und -zucht bei der Beurteilung der Geschlechter äußerst schwer tun. Es empfiehlt sich daher, zur Bestimmung einen Fachmann (Zoohändler/Tierarzt/Züchter) hinzuzuziehen.

Seit einigen Jahren ist es der Veterinärmedizin möglich, durch eine endoskopische Untersuchung die sichere Geschlechtsbestimmung bei Papageien vorzunehmen. Auf Vögel spezialisierte Tierärzte führen solche Untersuchungen durch.

Bei einer angestrebten Zucht gilt es viele Probleme zu lösen wie z. B. die Paarzusammenstellung, die Unterbringung, die Fütterung – speziell während der Zeit, in der sich Nestlinge im Nest befinden –. Auf alle diese Einzelheiten einzugehen, ist hier nicht möglich, zumal sich die Ansprüche der einzelnen Arten auch stark voneinander unterscheiden. Auch hier sei auf die jeweilige Spezialliteratur verwiesen.

Krankheiten erkennen und behandeln

Papageien, zumindest ein Großteil der Arten, sind robuste und widerstandsfähige Tiere, die bei optimaler Unterbringung und Fütterung viele Jahre ihrem Pfleger Freude bereiten. Die Lebenserwartung von Papageien ist sehr hoch. Ich weiß von einer Blaustirnamazone, die ein Missionar einige Jahre lang in Brasilien hielt und dann 1885 bei seiner Rückkehr nach Deutschland mitbrachte. 1981 starb dann der Vogel im hohen Alter von über 100 Jahren. Neben den Arten aus der Gattung der Amazonen erreichen besonders die verschiedenen Weiß- und Schwarzschnabelkakadus ein extrem hohes Lebensalter. So sollen Kakadus schon über 120 Jahre alt geworden sein.

Um seinem Pflegling ein langes Leben gewährleisten zu können, muss man als Halter seinen Papagei so beobachten, dass eventuell beginnende Krankheiten bereits im Anfangsstadium erkannt werden. Äußerst schwierig ist es, die Ursache einer Erkrankung zutreffend zu erkennen, da nahezu alle Krankheiten ähnlich verlaufen. So ist es ein untrügliches Krankheitssymptom, wenn der Papagei aufgeplustert dasitzt, oder, wenn er ständig schläft. Weitere Anzeichen für eine beginnende Krankheit sind Nasen- oder Augenausfluss und Durchfall.

Grundsätzlich sollte jeder Halter eines Papageis bei den ersten Anzeichen einer Krankheit den nächsten Tierarzt aufsuchen, um den Vogel sachkundig untersuchen zu lassen. Eine Chance auf Heilung wird am ehesten bestehen , wenn die Behandlung sobald wie nur möglich begonnen wird. Eine gute Hilfe bei der Diagnose bieten die staatlichen Tierärztlichen Untersuchungsämter, die frisch eingesammelte Kotproben auf Krankheitserreger untersuchen, und so oftmals entscheidende Hinweise zur Behandlung liefern. Hier nun einige wichtige Beispiele für häufige Krankheitsformen bei Papageien.

Salmonellose (Paratyphus): Eine Salmonelleninfektion kann bei Menschen und Tieren auftreten, wobei ständig Erreger über den Darm ausgeschieden und dann über infiziertes Futter, Käfige, Näpfe usw. übertragen werden. Die Salmonellose verläuft bei zu spät einsetzender Behandlung meist tödlich.

Koliinfektion: Sie kommt ebenfalls häufig vor, wobei als Erreger Stämme des

Bakteriums Escherichia coli auftreten. Anfällig sind besonders Jungtiere und körperlich geschwächte Papageien. Ein typisches Krankheitsbild gibt es nicht. Die Behandlung ist schwierig, da eine ganze Anzahl von Erregerstämmen zwischenzeitlich so widerstandsfähig sind, dass sie nur noch mit resistenzbestimmten Breitbandantibiotikas behandelt werden können.

Wie bei den zuvor genannten Krankheiten ist auch die **Newcastle-Disease** (Geflügelpest) eine ansteckende Krankheit, die durch infizierte Tiere übertragen wird. Hauptsächlich tritt die Geflügelpest bei Wirtschaftsgeflügel auf. Durch den Menschen und über Gerätschaften ist eine Übertragung auf den Papagei möglich. Die Verlaufsformen der Newcastle-Disease ist von kurzer Dauer, meistens unter 10 Tagen und immer tödlich. Behandlungsmöglichkeiten gibt es nicht.

Eine weitere nicht zu unterschätzende Krankheit ist, obwohl ihr vieles von ihrer Gefährlichkeit genommen werden konnte, die **Ornithose**, auch heute noch fälschlicherweise als Psittacose oder Papageienkrankheit bezeichnet. Die Ornithose ist anzeigepflichtig, daher möchte ich hier auch näher auf sie eingehen. Sie ist eine Virusinfektion, die epidemische Formen annehmen und auch beim Menschen zu Erkrankungen führen kann. 1874 erkannte man, dass erkrankte Papageien durch Kontakte zum Menschen die Krankheit, an der viele starben, übertragen hatten. 1934 wurde das so genannte Psittacose-Gesetz erlassen und gleichzeitig veranlasst, dass alle infizierten Papageienstände zu liquidieren sind. Nachdem die Pharma-Industrie wirksame Medikamente entwickelte und damit große Heilungserfolge erzielen konnte, wurde dann durch den zuständigen Bundesminister für Ernährung, Landwirtschaft und Forsten zum 1. 10. 1970 die heute gültige Verordnung zum Schutz gegen Psittacose und Ornithose (Psittacose-Verordnung) erlassen. Trotz intensiver Behandlung der neu nach Deutschland eingeführten Papageien mit Tetracycline werden dennoch jährlich 200–300 Infektionsfälle bei Menschen erkannt. Jeder Ausbruch oder bereits der Verdacht einer vorliegenden Psittacose ist meldepflichtig und sofort der Ordnungsbehörde bzw. dem beamteten Tierarzt anzuzeigen. Als verantwortungsbewusster Züchter und Halter von Papageien sollte man, vorbeugend, jährlich mindestens einmal seinen Vogel bzw. Vogelbestand auf Psittacose untersuchen lassen. Alle Staatlichen Untersuchungsämter führen solche Untersuchungen von frisch eingesammelten Kotproben durch. Wegen der Ansteckung und Verbreitung der Psittacose empfiehlt es sich in jedem Fall, neu erworbene Papageien abzusondern und in getrennten Behausungen einzugewöhnen. Gleichzeitig sollten frische Kotproben an das Untersuchungsamt zur Überprüfung gegeben werden. Erst wenn 100 %ig feststeht, dass der neue Vogel gesund ist, wird man ihn mit den anderen Tieren zusammenbringen. Man sollte sich immer vor Augen führen, dass durch das Einschleppen von Psittacose-Erregern innerhalb kürzester Zeit der gesamte Vogelbestand erkranken oder verenden kann. Ebenfalls sollte man immer daran denken, dass die Erreger jederzeit auch für den Menschen eine ernste, sogar tödliche Gefahr darstellen.

Das Krankheitsbild der Psittacose zeigt beim Papagei sehr unspezifische Symptome und führt im Anfangsstadium oft zu Fehldiagnosen. Häufig erkennt man die Erkrankungen an schleimigem Nasenausfluss, Fressunlust, Atemnot mit Schweratmigkeit, außerdem zeigen sich die erkrankten Vögel apathisch, schlafen ständig und sitzen aufgeplustert herum. Da sich solche Symptome aber auch bei anderen Erkrankungen zeigen, sollte man, um eine eindeutige Diagnose sicherzustellen, sofort vom erkrankten Tier frische Kotausscheidungen einsammeln und an ein Staatliches Untersuchungsamt einschicken. Sollte das Untersuchungsergebnis den Verdacht auf Psittacose-Erkrankung bestätigen, ist eine sofortige Behandlung einzuleiten; außerdem muss nach Anordnung des Amtstierarztes verfahren werden. Sehr gute Heilungserfolge erzielt man mit einem chlortetracyclinhaltigen Weichfutter, das täglich in neuer Zusammenstellung gereicht wird. Bei kleineren Papageien und Sittichen wird das Präparat 30 Tage, bei größeren Sittichen und Papageien über einen Zeitraum von 45 Tagen verabreicht. Papageien, die akut an Psittacose erkrankt sind und die Nahrungsaufnahme verweigern, müssen vorab mit einer Injektion behandelt werden. Eine einmalige Injektion von 300 mg in öliger Lösung mit Chloromyzetin o.ä. reicht in den meisten Fällen aus, danach nehmen die Vögel meist wieder Futter auf. Zur Ausheilung wendet man anschließend die Futtertherapie an.

Eine Blutentnahme am 10. Tag der Behandlung wird die Wirksamkeit dieser Therapie aufzeigen. Erfolgreich ist die Behandlung dann, wenn ein Blutspiegel von 1 mcg/ml oder höher zu verzeichnen ist.

Parasitäre Krankheiten sind in der Regel einfacher zu diagnostizieren, da sie oft schon äußerlich auszumachen sind. Ektoparasiten, wie Federlinge, Rote Vogelmilben oder Federspulmilben, parasitieren im Gefieder der Vögel. Federlinge ernähen sich hauptsächlich von abgestorbenen Hautschuppen. Sie schädigen den Wirtsvogel nicht, verursachen aber Juckreize, die wiederum krankhaftes Verhalten auslösen können. Gefährlich kann ein Befall mit der Roten

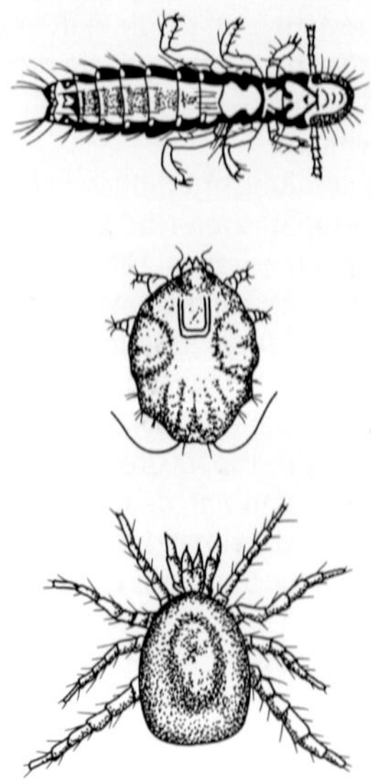

a

b

c

Ektoparasiten – a) Federling, b) Bartmilbe, c) Rote Vogelmilbe – können schwere Erkrankungen verursachen. Diese kleinen, teilweise nicht einmal millimetergroßen Schmarotzer verursachen u.a. starke Hautreizungen. Hektisches Gefiederputzen und unkontrollierte Bewegungen deuten auf einen Befall durch diese Schmarotzer hin.

Vogelmilbe werden. Rote Vogelmilben halten sich tagsüber in Schlupfwinkeln (Ritzen, Spalten, Käfig-, Volieren-, Nistkastenecken usw.) versteckt und befallen nachts das Tier, um Blut zu saugen. Starker Befall und dadurch hoher Blutverlust kann bei Nestlingen, aber auch bei schwächlichen, erwachsenen Tieren zum Tode führen. Ein faltig über den Käfig gelegtes weißes Tuch zieht über Nacht die Roten Vogelmilben an und zeigt den Befall auf.

Federspulmilben dringen vorwiegend in die Federkiele der im Wachstum befindlichen Federn ein und verhindern ein Federwachstum, da die Federn durch das Zerstören der Blutkiele nicht vollständig herauswachsen, dafür aber bald abbrechen.

Behandlungsmethoden beim Befall mit Ektoparasiten sind generell über den Tierarzt zu erfragen. Gleiches gilt selbstverständlich auch beim Befall mit Würmern. Nur durch sachgemäße, tierärztliche Therapien werden die Papageien wieder gesund werden. Das Einschleppen von Wurmparasiten ist immer möglich und kann z. B. dadurch zu Stande kommen, dass man im Sommer den Käfig ins Freie stellt und ein wild lebender Vogel beim Überfliegen Kot absetzt, der am Käfig haften bleibt. Spulwürmer, Ascariden, sind oftmals in Vogelbeständen verbreitet. Die Capillarien-Arten (Haarwürmer) sind, wenn sie einen Wirt befallen haben, nicht so gefährlich wie z. B. die zuvor genannten Spulwürmer, müssen aber ebenfalls unverzüglich bekämpft werden. Ein Befall mit Bandwürmern ist seltener, da diese zu ihrer Entwicklung einen Zwischenwirt benötigen. Ein Wurmbefall ist generell über eine Kotuntersuchung feststellbar. Die Behandlungsmethode gestaltet sich nach Anweisung des Tierarztes. Eine Nachuntersuchung (Kotuntersuchung), 4 Wochen nach Behandlungsende, ist unbedingt empfehlenswert.

Weitaus leichter lassen sich äußere Verletzungen feststellen. Aber auch hier empfiehlt es sich, immer einen Tierarzt heranzuziehen.

Grundsätzlich gilt, verletzte oder erkrankte Papageien separat unterzubringen (Krankenkäfig) und die Tiere nur beim Füttern und Wassergeben sowie bei der Verabreichung der Medikamente zu stören. Bei Paaren empfiehlt es sich, auch wenn eines der Tiere nicht erkrankt ist, die beiden nicht zu trennen, damit das kranke Tier nicht noch zusätzlich unter der Trennung leidet.

Federrupfen. Immer wieder kommt es vor, dass sich Papageien mit dem Schnabel das eigene Gefieder zerbeißen oder abbeißen. Einige bestimmte Arten neigen besonders dazu: Weiß- und Schwarzschnabelkakadus, einige Araarten, wenige Amazonenarten, Graupapagei und vor allem einige Keilschwanzsittiche. Die Ursache des Rupfens ist komplex und sicherlich von sehr unterschiedlichen Faktoren beeinflusst. In der Regel sind es einzeln gehaltene Papageien, die sich die Federn rupfen. Selten kommt dies bei paarweiser Haltung vor. Bei Jungtieren, also nicht geschlechtsreifen Papageien konnte ich bislang keine Federrupfer ausmachen. Meiner Meinung nach tritt das Federrupfen vor allem bei Tieren auf, die keine Möglichkeit haben, sich fortzupflanzen. Papageien, auch die einzeln gehaltenen Exemplare, werden einmal jährlich, meistens im Frühjahr, brutlustig. Die Brutlust wird durch jahreszeit-

Dieser Sonnensittich (Aratinga solsitialis) beknabbert sein eigenes Kleingefieder. Seine Artgenossen haben ihm die Federn an der Kehle, den Wangen und am Hinterkopf abgebissen. Das ungünstige Zusammenwirken vieler Faktoren führt zu dieser Untugend.

lich bedingte körperliche und umweltabhängige Vorgänge ausgelöst. Findet der natürliche Fortpflanzungstrieb keine Erfüllung, wie dies bei einzeln gehaltenen Papageien der Fall ist, so kommt es bei dem Tier zu psychischen Störungen, die sich bei einigen Arten in der Form des Federrupfens äußern. Sicher mögen auch andere Ursachen, wie trockene Zimmerluft, unzureichende Ernährung und damit verbundene Mangelerscheinungen, Stress, Langeweile, Trennungsschmerz, um nur wenige Faktoren zu nennen, ein Federrupfen auslösen. Dennoch möchte ich auf Grund meiner jahrelangen Beobachtungen annehmen, dass der ursprüngliche Beginn des Rupfens auf die Verhinderung der Fortpflanzung zurückzuführen ist. Die Symptome sind meistens gleich. Zunächst wird, oft in spielerischer Form, das Kleingefieder auf den Flügeldecken oder dem Bauch- und Brustbereich beknabbert. Zuerst werden die Federspitzen, danach die Federäste entlang des Federschaftes abgebissen. So wird eine Deckfeder nach der anderen zerstört. Flächenweise treten bald die Flaumfedern, die sich unter den Deckfedern befinden, hervor. Im Laufe der Zeit wird das ganze Kleingefieder abgefressen. Danach verlegt sich der Vogel auf das Beknabbern des Großgefieders. Zuerst werden es die Schwungfedern, danach die Steuerfedern sein, die bei der Selbstzerstörung auf der Strecke bleiben. Sobald die Federn abgebissen sind, werden noch die verbliebenen Flaumfedern herausgerissen. Neu nachwachsende Federn werden meistens schon beknabbert, wenn sie sich noch als Kiel durch die Haut schieben. Innerhalb eines Jahres, meistens dauert es 2–3 Jahre, kann der Papagei vollkommen nackt sein. Nur das Kopfgefieder, das er mit dem Schnabel nicht erreichen kann, zeigt noch einen Normalwuchs. In Extremfällen kann es sogar zu einem Beknabbern der Haut und Muskulatur kommen.

Eine wirksame Therapie gegen das Federrupfen gibt es nicht. Dagegen können Änderungen im Umfeld des Papageis zu Verbesserungen führen. Eventuell lässt sich auch auf dem Ernährungsweg eine Heilung erzielen, so z. B. durch zusätzliche Eiweißgaben in Form von Quark, gekochtem Ei, Ameisenpuppen oder auch Trockenhefe. Die beste Therapie für den Papagei dürfte sein, ein gegengeschlechtliches Tier anzuschaffen und mit dem kranken Tier zu vergesellschaften. Heilerfolge erzielt man aber meistens nur dann, wenn die Änderung in der Anfangsphase des Rupfens erfolgt. Bei fortgeschrittenen Rupfern sind wohl nur noch in Ausnahmefällen Heilungserfolge zu erzielen. Die angebotenen Sprays, Tinkturen oder Medikamente sind nach meinen Erfahrungen wirkungslos. Oft wird sogar die gegenteilige Wirkung erzielt. So verklebt bei der Behandlung mit Sprays oder Tinkturen das Federkleid. Der Papagei wird dadurch zu verstärktem Rupfen animiert. Wenn das Rupfen im Anfangsstadium durch Ortswechsel, Futtervielseitigkeit oder Partnerbeistellung nicht verhindert werden kann, bleibt nur noch das Anlegen einer Halskrause. Die Halskrause beeinträchtigt merklich die Bewegungsfreiheit, verhindert aber letztlich das Federrupfen. Leider verursacht sie aber psychische Schäden beim Vogel und ist in meinen Augen als Tierquälerei anzusehen.

Mauser

Wenn Papageien aus dem Ei schlüpfen, sind sie nackt, bzw. nur mit wenigen Flaumfedern bedeckt. Sie sind Nesthocker, die während der Nestlingsphase ihr Gefieder ausbilden. In der Regel besitzen Papageien erst zum Zeitpunkt des Flüggewerdens ihr vollständiges Federkleid.

Das Gefieder wird im Laufe eines Jahres stark beansprucht und abgenutzt. Um die Flugfähigkeit zu erhalten und um die Körpertemperatur gegen Wärme, Wind- und Wettereinflüsse regulieren zu können, werden in periodischen Abständen die alten Federn abgestoßen und durch neue ersetzt. Diesen Gefiederwechsel bezeichnet man allgemein als Mauser.

Die Mauser beginnt im Normalfalle nach der Beendigung der Fortpflanzungsperiode. In spezieller Folge stoßen die nachfolgenden neuen Federn die alten ab und schieben sich mit dem Federkiel durch die Haut. Das Wachstum der Federn geht rasch vonstatten, so kann z. B. eine Schwung- oder auch Steuerfeder innerhalb 10 Tagen herausgewachsen sein.

Bei Papageien nimmt die Mauser einen Zeitraum von gut 3 Monaten ein. Die kleineren Arten erneuern in dieser Zeit ihr vollständiges Federkleid, die großen Arten ihr Kleingefieder. Schwung- und Steuerfedern der großen Arten werden ständig in einer bestimmten Reihenfolge erneuert, die etwa 2 Jahre dauert.

Die Mauser ist durch den erhöhten Stoffwechsel eine körperliche Belastung. Abwechslungsreiche und vitaminreiche Kost ist während des Zeitraumes der Mauser besonders wichtig.

Die **Schreckmauser** ist vergleichbar mit dem Schwanzabstoßen bei Eidechsen. Durch irgendwelche äußeren Umstände kann es dazu kommen, dass die Vögel die Federn ganzer Gefiederpartien schlagartig abstoßen. In der Regel sind es bei Papageien die Steuer- oder Schwungfedern, selten andere Konturfedern.

Die ausgestoßenen Federn wachsen alle gleichzeitig nach, brauchen aber eine längere Zeit, da sie sich erst vollständig neu bilden müssen.

Die bekanntesten Papageienarten

Einige Hinweise zu den Artenbeschreibungen

Die nachfolgenden Artenbeschreibungen sind in ihrer Reihenfolge nach dem wissenschaftlichen Ordnungssystem gegliedert, wobei das Kriterium „einfach zu pflegende Papageienart" oder „schwerer zu pflegende Papageienart" übergangslos ineinander greift. Bei den einzelnen vorgestellten Arten werden zunächst die typischen Merkmale wie Größe, Gefiederfärbung, Verbreitung und Verhaltensweisen behandelt, sozusagen als Erstinformation über den zukünftigen Pflegling. Eine Trennung zwischen so genannten einfach zu pflegenden und schwer zu pflegenden Papageienarten kann nicht ohne weiteres gezogen werden. Wir wissen ja z. B. von Hunden oder Katzen, dass sich jedes Individuum anders verhält. Selbst die Geschwister eines Wurfes verhalten sich sehr unterschiedlich, so dass ein bestimmtes Tier oft ganz andere Ansprüche stellt wie das Geschwisterexemplar. Ähnlich ist das Verhalten der Papageien. Sicherlich, es gibt eine Reihe von Gattungen, die sehr empfindliche und scheue Arten hervorbringen oder in deren Reihen hoch spezialisierte Futterspezialisten angetroffen werden. Diese Arten sollten nur von Fachleuten gepflegt werden. Die von mir ausgewählten und besprochenen Arten werden ständig vom Tierhandel und von Papageienzüchtern angeboten, so dass man davon ausgehen kann, dass es sich um die „problemlosen" Arten handelt, wobei ich nochmals darauf hinweisen möchte, dass jedes Exemplar, sei es nun ein Nymphensittich *(Nymphicus hollandicus)* oder ein Allfarblori *(Trichoglossus haematodus)* seinen spezifischen Eigencharakter hat.

Wie wir anfangs erfahren haben, werden die einzelnen, verwandten Papageienarten in eine nächst höhere Taxa, die Gattung, zusammengeführt. In der Regel kann man davon ausgehen, dass alle Mitglieder einer Gattung dieselben Ansprüche an Ernährung, Unterbringung und Pflege stellen. Ich habe aus diesem Grund den Beschreibungen der einzelnen Arten eine Gattungsbeschreibung vorangestellt. Hierbei wird auch die Größe der Exemplare in cm angegeben. Die Größe eines Vogels wird durch die sich ergebende Länge von der Schnabel- bis zur Schwanzspitze bestimmt. Eine kurzschwänzige Art mit einer Länge von 30 cm ist von den Körperproportionen viel massiger als eine langschwänzige Art mit gleicher Gesamtlänge. Diejenigen Arten die alleinige Mitglieder einer Gattung sind, z. B. der Graupapagei *(Psittacus erithacus)* oder der Edelpapagei *(Eclectus roratus)* werden ohne zusätzliche Gattungsbeschreibung vorgestellt. Die Arten, die unter den Gattungsbeschreibungen mit einem ❄ versehen sind, werden anschließend nä-

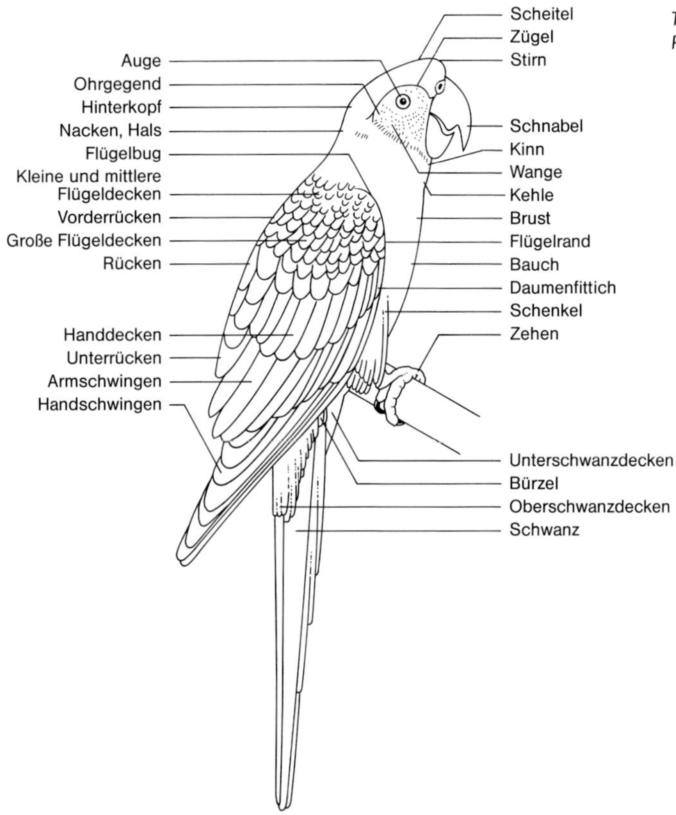

Topographie der Papageienvögel

her beschrieben. Bei den mit einem ● gekennzeichneten Arten handelt es sich um die nach dem Washingtoner Artenschutzübereinkommen (s. Seite 14) geschützten Arten, so genannten „WA I-Tiere", die nicht gehandelt werden dürfen und sich damit nur in absoluten Ausnahmefällen in den Händen von Papageienhaltern befinden.

Allerdings gibt es im WA I eine Sonderregelung, nach der in Gefangenschaft gezüchtete WA I-Tiere den strengen Handelsbedingungen (Handelsverbot) nicht mehr unterliegen. Vögel wie z. B. der Ziegensittich *(Cyanoramphus novaezelandiae)*, oder die Gelbkopfamazone *(Amazona oratrix)*, oder auch der Gelbwangenkakadu *(Cacatua sulphurea)* können dann mit einer Cites-Bescheinigung gekauft und auch verkauft werden.

Am Ende der Gattungsbeschreibung wird für zusätzliche Informationen auf die jeweilige Literatur verwiesen.

Keilschwanzloris

Trichoglossus spp.

Die 8 Arten dieser Gattung sind kleinere Papageien, die bis 26 cm groß werden, wobei knapp die Hälfte ihrer Länge auf den Schwanz entfällt. Keilschwanzloris sind überwiegend grün gefärbt, wobei Männchen und Weibchen die gleiche Färbung aufweisen. Jungvögel unterscheiden sich deutlich von erwachsenen Tieren. Die Keilschwanzloris gehören zu den Pinselzünglern, die sich hauptsächlich von Blütennektar und Pollen ernähren. Hartschalige Samen werden von ihnen nicht gefressen. Alle Loris zählt man zu den Futterspezialisten. Für einen Neuling auf dem Gebiet der Papageienhaltung sind Keilschwanzloris nicht zu empfehlen, da ihre Ernährungsweisen und die damit auch etwas andere Unterbringungsform gewisse Grundkenntnisse voraussetzt. Das Verbreitungsgebiet der 8 Arten erstreckt sich über große Teile Australiens und Neuguineas, sowie auf Sulawesi (ehemals Celebes), Mindanao und noch einige kleinere Inseln.

Allfarblori

(Breitbinden-Alfarbenlori, Gebirgslori, Lori von den Blauen Bergen)
Trichoglossus haematodus

Verbreitung: O- und S-Australien und Tasmanien, Neuguinea und viele umliegende Inseln.
Beschreibung: Größe etwa 26 cm.

Männchen und Weibchen: Kopfgefieder dunkelblau; Nackenband gelbgrün; Rücken, Flügeloberseite und Schwanz grün; Brust, Bauch dunkelrot, breit dunkelblau gesäumt; Unterbauch, Schenkel hellgrün, dunkelgrün gesäumt; Schnabel rot.

Jungtiere matter gefärbt, Schnabel bräunlich.

Der Allfarblori besiedelt in 20 geografischen Rassen einen Lebensraum, der eine Ost-/Westausdehnung von

Nachstehende Arten gehören der Gattung der Keilschwanzloris an:

	gängiger Name	wissenschaftlicher Name	Unterarten
	Schmucklori	*Trichoglossus ornatus*	
❊	Allfarblori	*Trichoglossus haematodus*	20
	Rotbrustallfarblori	*Trichoglossus rubritorquis*	
	Gelbkopflori	*Trichoglossus euteles*	?
	Gelbgrüner Lori	*Trichoglossus flavoviridis*	2
	Apolori	*Trichoglossus johnstoniae*	2
	Kirschlori	*Trichoglossus rubiginosus*	
	Schuppenlori	*Trichoglossus chlorolepidotus*	

❊ = im Buch vorgestellte Art.

Loris gelten allgemein als die Clowns in der Papageienwelt. Diese beiden Allfarbloris führen, wie viele andere Arten aus der Familie der Loris, ihre Aktivitäten synchron aus.

6000 km und eine Nord-/Südausdehnung von 5000 km erreicht. Nur wenige Papageienarten bewohnen vergleichsweise solch große Gebiete wie diese Loriart.

Als Blütenbesucher ernährt er sich hauptsächlich von Nektar, Pollen und Blütenteilen, verzehrt aber auch Blüten besuchende Insekten. In Gruppen bis zu hundert Exemplaren ziehen die Loris weiträumig umher, um ständig die in Blüte stehenden Palmen und Bäume abzuernten. Diese bunten Kobolde sind stets in Bewegung, wenn sie nicht gerade fressen. Ihr dauerndes Geschnatter und Gezwitscher ist Bestandteil ihrer lebhaften Beweglichkeit.

Bedingt durch ihr großes Verbreitungsgebiet kennen sie keine bestimmte Brutzeit. Als Nest dient eine hoch gelegene Aushöhlung in einem Baumstamm. Die 2–4 Eier werden vom Weibchen bebrütet. Die Aufzucht der Jungen übernehmen beide Elternteile. Nach etwa 8 Wochen verlassen die Jungen das Nest, werden aber noch geraume Zeit von den Eltern versorgt.

Man nennt sie – und das nicht einmal zu Unrecht – die gefiederten Clowns, Loris sind ständig in Bewegung und immer zu Späßen aufgelegt. Wer schon einmal in einem Zoo Gelegenheit hatte, dem bunten Treiben einer Gruppe von Loris zuzuschauen, der wird bestimmt mit dem Gedanken gespielt haben, selbst einmal solche Tiere zu halten.

Leider ist ihre Haltung aber nicht ganz problemlos. Sie sind ja Blütenbesucher und stellen entsprechende Nahrungsansprüche, die unbedingt zu erfüllen sind.

Leider muss ich immer wieder feststellen, dass, entweder aus Unkenntnis oder Bequemlichkeit, Loris mit Körnerfutter ernährt werden. Hier begeht man schlichtweg eine Tierquälerei, denn der Verdauungsapparat der Loris ist auf eine solche Ernährungsform nicht eingerichtet. Je nach Konstitution des Vogels führt diese unsachgerechte Ernährung über kurz oder lang zum Tode.

Weiß- und Schwarzschnabelkakadus
Cacatua spp.

Die Gattung der Weiß- und Schwarzschnabelkakadus umfasst 12 Arten, die in Australien und Tasmanien, Neuguinea, großen Gebieten von Indonesien und den Philippinen sowie auf einigen östlich von Neuguinea gelegenen Inseln verbreitet sind. Sie sind durchweg große, kurzschwänzige und hauptsächlich weiß gefärbte Papageien, deren Haupterkennungsmal die verlängerten Kopffedern sind, die aufgerichtet werden können. Sie haben also eine Federhaube. Die Arten der Gattung leben sehr gesellig. Besonders die Arten der australischen Trockengebiete versammeln sich oft zu Schwärmen, die aus 10000 oder mehr Individuen bestehen.

Gelbwangenkakadu
(Kleiner Gelbhaubenkakadu)
Cacatua sulphurea

Verbreitung: Indonesien auf den Inseln Sulawesi, Butung, Lombok, Sumbawa, Sumba, Flores, Pantar, Alor, Timor sowie den umgebenden kleineren Inseln.
Beschreibung: Größe etwa 33 cm.

Männchen: weiß; Ohrfleck gelb; lange nach oben gebogene Haube zitronengelb; Schnabel schwarz; Iris grauschwarz.

Weibchen gleichen den Männchen, haben aber eine rote Iris.

Jungtiere wie Altvögel, aber mit dunkelgrauer Iris.

Vom Gelbwangenkakadu sind 4 geographische Rassen bekannt. 3 dieser Unterarten unterscheiden sich nur unwesentlich voneinander. Die 4. Form, der Orangenhaubenkakadu *(C. s. citrinocristata)*, der wesentlich größer ist als die anderen Unterarten, unterscheiden sich zusätzlich durch seine kräftige orange-

Dieser Orangenhaubenkakadu (Cacatua sulphurea citrinocristata) hält auf dem Deckel seines Nistkastens ein Mittagsschläfchen. Seinen linken Fuß hat er dabei eingezogen.

Nachstehende Arten gehören der Gattung der Weiß- und Schwarzschnabelkakadus an:

WA I		gängiger Name	wissenschaftlicher Name	Unterarten
		Gelbhaubenkakadu	*Cacatua galerita*	4
●	✻	Gelbwangenkakadu	*Cacatua sulphurea*	4
		Brillenkakadu	*Cacatua ophthalmica*	
●	✻	Molukkenkakadu	*Cacatua moluccensis*	
	✻	Weißhaubenkakadu	*Cacatua alba*	
●		Rotsteißkakadu	*Cacatua haematuropygia*	
		Salomonenkakadu	*Cacatua ducorpsii*	
●		Goffinkakadu	*Cacatua goffini*	
		Nacktaugenkakadu	*Cacatua sanguinea*	4
		Wühlerkakadu	*Cacatua pastinator*	2
		Langschnabelkakadu	*Cacatua tenuirostris*	
		Inkakakadu	*Cacatua leadbeateri*	2

Nachstehende Arten gehören den Gattungen der Nymphensittiche, Rosa-, Ara-, Raben- und Helmkakadus an:

WA I	gängiger Name	wissenschaftlicher Name	Unterarten
✻	Nymphensittich	*Nymphicus hollandicus*	
	Rosakakadu	*Eolophus roseicapillus*	3
●	Arakakadu	*Probosciger aterrimus*	3
	Brauner Rabenkakadu	*Calyptorhynchus lathami*	3
	Rotschwanzrabenkakadu	*Calyptorhynchus banksii*	5
	Langschnabelrabenkakadu	*Calyptorhynchus baudinii*	
	Weißohrrabenkakadu	*Calyptorhynchus latirostris*	
	Gelbohrrabenkakadu	*Calyptorhynchus funereus*	2
	Helmkakadu	*Callocephalon fimbriatum*	

● = in Anhang I des Washingtoner Artenschutzabkommens aufgenommene Art.
✻ = im Buch vorgestellte Art.

farbene Federhaube und Ohrflecken. Er ist nur auf der Insel Sumba verbreitet.

Der Verbreitungsraum des Gelbwangenkakadus erstreckt sich entlang des Äquators im innertropischen Klimabereich. Hier ist er in den Tieflandwäldern, Waldrandgebieten und Baumsavannen nebst kultivierten Anbaugebieten vertreten. In kleinen Gruppen geht er gezielt der Nahrungssuche nach, wobei er den Großteil des Tages dazu verwendet. In der heißen Mittagszeit wird in den Wipfeln Schatten spendender Bäume geruht und dort finden auch die sozialen Kontakte, wie gegenseitige Gefiederpflege, statt. Die Schlafbäume, meistens einzeln stehende Baumriesen, werden von den Gruppen der ganzen Region über längere Zeiträume hinweg genutzt.

Zu Beginn der Brutzeit sondern sich die Paare vom Schwarm ab. Eine hoch gelegene Baumhöhle dient als Nistplatz. Die 2–4 Eier werden tagsüber vom Männchen, bei Nacht vom Weibchen bebrütet. Nach einer Brutzeit von 28 Tagen schlüpfen die Jungen, die dann mit einem Alter von 60 Tagen ausfliegen, aber noch lange von den Eltern versorgt werden.

Der Gelbwangenkakadu ist seit vielen Jahrzehnten ein gern gehaltener Käfig- und Volierenvogel. Das Lernen von Worten, Pfiffen und Geräuschen fällt ihm ebenso leicht wie das Lernen von „Kunststückchen“. In einigen Tierparks der USA sah ich diese Kakadus Fahrradfahren, mit einer kleinen Stange im Schnabel über ein Hochseil jonglieren, kleine Wägelchen ziehen und sogar zur Musik tanzen. Für mich auffallend war, dass die Kakadus Spaß an den Vorführungen fanden und ohne jeglichen Zwang ihr Gelerntes zeigten.

Einige Halter von Gelbwangenkakadus gewähren ihren Tieren Freiflug. Bei einem dieser Kakadubesitzer wurde der Kakadu im Wohnzimmer gehalten. Eine kleine Wandöffnung mit einer beweglichen Klappe diente dem Vogel als Durchschlupf ins Freie. Jeden Morgen nach dem Fressen hat der Vogel seinen Übernachtungs- und Verpflegungsplatz verlassen und ist in den nahe gelegenen Wald geflogen. Am späten Nachmittag kehrte er zurück.

Der Gelbwangenkakadu hat eine kräftige Stimme und es gibt manche Exemplare, die phasenweise ihre Melodien hinausschmettern. Ohne tolerante Nachbarn ist in solchen Fällen die Haltung eines Gelbwangenkakadus nicht zu empfehlen.

Weißhaubenkakadu
Cacatua alba

Verbreitung: O-Indonesien auf den nördlichen Molukkeninseln.
Beschreibung: Größe etwa 46 cm.

Männchen: weiß; Schwung- und Steuerfedern auf den Innenfahnen gelblich; Schnabel schwarz; Iris braunschwarz.

Weibchen wie Männchen, aber Iris braunrot. Jungtiere wie Männchen, aber Iris schwarz.

Über die Lebensweise des Weißhaubenkakadus ist bislang wenig bekannt, obwohl die Papageien durch ihre Größe, das weiße Federkleid und letztendlich auch durch ihre imposante Stimme auffallen müssen. Ihr Lebensgebiet beschränkt sich auf tropische Waldgebiete beiderseits des Äquators.

Vermutlich war es Kaiser Friedrich II. (1212–1250), der als erster Europäer in den Besitz eines Kakadus gelangte. Der

Weißhaubenkakadus haben ein rein weißes Gefieder. Ihre imposante Federhaube, die eine Art Stimmungsbarometer ist, halten sie meist angelegt.

Sultan von Babylon überreichte ihm ein solches Tier als Geschenk. Heute wird vermutet, dass es sich bei diesem Kakadu um einen Weißhaubenkakadu handelte.

Weißhaubenkakadus werden sporadisch von Zoohändlern angeboten. Es gibt aber auch Züchter, die Zuchterfolge erzielen und Nachzuchttiere anbieten können.

Bei liebevoller Pflege werden Weißhaubenkakadus bald zahm und lassen dann auch ihre Haube, die eine Art „Stimmungsbarometer" ist, angelegt. Die Kakadus gehören zu den Arten, die sich besonders eng an den Pfleger anschließen. Zum Pfleger brauchen sie den ständigen Sichtkontakt. Lässt man auf den Menschen geprägte Weißhaubenkakadus (aber auch die anderen Kakaduarten) alleine, so neigen sie zum Schreien, d. h. dass sie nach ihrem Partner rufen und versuchen auf diese Art wieder mit ihm Kontakt aufzunehmen. Solche allein gehaltenen Kakadus neigen besonders stark zum Federrupfen. Die ständige Anwesenheit des Pflegers ist für die Psyche eines Kakadus außerordentlich wichtig. Der Halter muss dies unbedingt berücksichtigen.

Molukkenkakadu
Cacatua moluccensis

Verbreitung: O-Indonesien, auf den südlichen Molukkeninseln.
Beschreibung: Größe etwa 52 cm.

Männchen überwiegend lachsfarben; Haubenfedern dunkel lachsfarben; Schwung- und Steuerfedern auf den Innenfahnen orangegelb; Schnabel schwarz; Iris braunschwarz.

Die Haubenfedern des Molukkenkakadus sind dunkel lachsfarben, was aber nur zu erkennen ist, wenn die Tiere die Haube stellen. Der Molukkenkakadu ist der größte, aber auch der sensibelste Vertreter aus der Gruppe der Weiß- und Schwarzschnabelkakadus.

Weibchen wie Männchen gefärbt, aber etwas kleiner; Iris dunkelbraun Jungtiere haben eine schwarze Iris.

Molukkenkakadus sind die imposantesten Vertreter aus der Gruppe der Weiß- und Schwarzschnabelkakadus (*Cacatua* spp.). Sie leben paarweise, in kleinen Familienverbänden und kleinen Gruppen. An günstigen Nahrungsplätzen kommt es manchmal zu großen Ansammlungen, die sich aus mehreren Gruppen zusammensetzen. In landwirtschaftlichen Anbaugebieten werden die Molukkenkakadus erbittert bekämpft und verfolgt. Gerne fressen sie von den halbreifen Fruchtständen der Kokosnusspalme.

Die Brutzeit beginnt im März/April. In hoch gelegenen Baumhöhlen legt das Weibchen 2 Eier ab, die etwa 30 Tage lang bebrütet werden. Die Jungen bleiben 90 Tage im Nest. Nach dem Ausfliegen werden sie noch lange Zeit von den Eltern geführt.

In den letzten Jahren wurden Molukkenkakadus öfters eingeführt und vom Zoohandel angeboten. Für Molukkenkakadus gilt dasselbe wie für den Weißhaubenkakadu. Und er braucht eher noch mehr den ständigen persönlichen Kontakt zum Pfleger. Molukkenkakadus sind sehr sensibel. Auf Änderungen in ihrem Umfeld (Sichtfeld) reagieren sie oft schreckhaft. Um einen Molukkenkakadu richtig pflegen zu können, sollte man bereits einige Erfahrungen mit der Haltung von Papageien gesammelt haben.

Nymphensittich

(Nymphenkakadu, Kakadusittich)
Nymphicus hollandicus
(einzige Art der Gattung)

Verbreitung: in großen Teilen von Australien.

Beschreibung: Größe etwa 32 cm.

Männchen überwiegend grau in unterschiedlichen Nuancen; Kopf gelb mit

Der Nymphensittich zählt zu den bekanntesten Papageienvögeln. Intensive Zucht führte zu verschiedenen Gefiedervariationen, jedoch erreicht keine dieser Farbmutationen die Schönheit der Wildform, wie sie dieser Vogel zeigt.

großem rotorangen Ohrfleck; Federhaube gelb; Flügelbinde weiß.

Weibchen haben nur eine blasse graugelbliche Kopffärbung; der Ohrfleck ist blasser gefärbt; Unterrücken, Oberschwanzdecken, Schwanz weiß quergestreift.

Jungtiere gleichen den Weibchen; Geschlechtsbestimmungen sind vor der Jugendmauser kaum möglich.

Der Nymphensittich ist in seinem Heimatland ein typischer Vertreter der Trockengebiete und dadurch an eine nomadische Lebensform gebunden. So ist er auch als schneller und ausdauernder Flieger bekannt. Er ist der einzige Vertreter seiner Gattung und wird im zoologischen System als Bindeglied zwischen den Kakadus und Sittichen gesehen.

Bereits im letzten Jahrhundert tauchte der Nymphensittich regelmäßig im Tierhandel auf und wurde schon bald zu einem der beliebtesten Hausvögel. Seine leichte Zähmbarkeit, sein Talent zum Sprechen lernen und letztendlich auch seine Anhänglichkeit haben diese Entwicklung begünstigt. Bereits im letzten Jahrhundert wurden Nymphensittiche in Folgegeneration gezüchtet. Dieser Umstand trug zusätzlich zu seiner Verbreitung bei den Papageienfreunden bei.

Ich persönlich halte Nymphensittiche für ideale Pfleglinge, die bei einfühlsamem Umgang schnell zahm werden. Auch bei älteren Tieren führen Zähmungsversuche noch zum Erfolg. Ich habe schon wiederholt Nymphensittiche gepflegt, und war immer wieder erstaunt über ihr Talent, Worte und gepfiffene Melodien zu erlernen. Einer sprach sogar einige Sätze in recht verständlicher Form. Anders die Weibchen, die ich hielt. Sie zeigten kein Sprachtalent, konnten aber in ihrer Zahmheit mit den Männchen konkurrieren. Wissenswert ist, dass Nymphensittiche sehr schreckhaft sind. Sie neigen dann zum panikartigen Davonfliegen. Bei seinem täglichen Freiflug im Zimmer (der Nymphensittich braucht diese Möglichkeit generell) müssen deshalb Vorhänge vor die Fenster gezogen werden, damit er im Schreck nicht gegen die Scheiben fliegt. Als etwas störend empfinden Nachbarn den oft vorgetragenen schrillen, monotonen Ruf. Nymphensittiche sind sehr verträglich und lassen sich in größeren Käfigen jederzeit mit anderen Vogelgruppen vergesellschaften.

Da Nymphensittiche domestiziert sind, gibt es durch die künstliche Zuchtwahl bereits sehr unterschiedliche Färbungsformen, die vom Weiß (Albino) über die so genannten Geperlten bis zum Gelb (Lutino) reichen.

Die Lebenserwartung des Nymphensittiches kann über 15 Jahre betragen.

Grassittiche

Neosephotus und Neophema spp.

Die zwei Gattungen der Grassittiche umfasst 7 Arten von geringer Größe, deren Lebensraum sich auf das südliche Australien begrenzt. Ein Teil der Arten lebt im trockenen Inneren des australischen Kontinents, die anderen sind Küstenbewohner Südaustraliens.

Schmucksittich, Klippensittich und Orangebauchsittich sind relativ selten bei europäischen Vogelliebhabern vorzufinden.

Dagegen werden die anderen vier Arten wie Bourkesittich, Schönsittich, Glanzsittich und Feinsittich sehr oft gehalten.

Bourkesittich

Neopsephotus bourkii

Verbreitung: S-Australien.
Beschreibung: Größe etwa 19 cm

Männchen an der Oberseite braun; Stirn blau; Unterseite rötlich braun; am Bauch rosenrot; Unterschwanzdecken blau; Schwingen blau.

Weibchen blasser gefärbt; ohne Blau an der Stirn; geringe Ausdehnung der Rotfärbung am Bauch.

Jungtiere gleichen den Weibchen; die rote Bauchzeichnung ist von geringerer Ausdehnung.

Noch vor wenigen Jahrzehnten zählte der Bourkesittich zu den bedrohtesten australischen Vogelarten. Aber innerhalb kürzester Zeit erholte sich die Population im ganzen Fluggebiet. Der Bourkesittich ist in Mulga- und Salzbuschsteppen, Eukalyptusbuschland und offenen Eukalyptus- und Akazienwäldern heimisch. Seine Gefiederzeichnung tarnt diesen Bodenvogel hervorragend. Außerdem ist er dämmerungs- und nachtaktiv, so dass er selten beobachtet werden kann.

Als Bewohner arider Gebiete ist er zur Fortpflanzung sehr vom Regen abhängig, da dieser das zur Verfügung stehende Nahrungsangebot reguliert. Regen

Bourkesittiche sind boden-aktive Vögel. Ihre überwiegend bräunliche Gefiederfärbung ist daher eine ideale Tarnung.

Nachstehende Arten gehören den zwei Gattungen der Grassittiche an:

WA I	gängiger Name	wissenschaftlicher Name	Unterarten
✻	Bourksittich	*Neopsephotus bourkii*	
	Feinsittich	*Neophema chrysostoma*	
	Schmucksittich	*Neophema elegans*	
	Klippensittich	*Neophema petrophila*	
●	Orangebauchsittich	*Neophema chrysogaster*	
✻	Schönsittich	*Neophema pulchella*	
✻	Glanzsittich	*Neophema splendida*	

● = in Anhang I des Washingtoner Artenschutzabkommens aufgenommene Art.
✻ = im Buch vorgestellte Art.

fällt, von den Trockengebieten ohne Regenfall abgesehen, im Verbreitungsgebiet des Vogels in den Monaten April bis Dezember. Außerhalb des Fortpflanzungszyklusses lebt der Bourkesittich in kleinen Gruppen.

Bourkesittiche werden selten vom Zoofachhandel angeboten. Vermutlich trägt die etwas düstere Gefiederfärbung (bei oberflächlicher Betrachtung) zu dieser geringen Wertschätzung bei. Ich persönlich halte den Bourkesittich für einen sehr angenehmen Käfigvogel, der relativ schnell zahm wird und mit etwas Glück sogar wenige Worte sprechen lernt. Natürlich ist der Vogel auch bei der Haltung in Käfig und Voliere dämmerungsaktiv, wie es seinem Naturell entspricht. Als typischer Bodenbewohner hat er es gern, wenn er im Rasen nach Samen suchen kann. Eine Freivoliere ist deshalb für ihm in der Sommerzeit ein idealer Aufenthaltsort.

Wie die beiden nachstehenden verwandten Arten brütet auch er sehr bereitwillig und erfolgreich bei artgerechter Haltung. Zwischenzeitlich gibt es Farbvariationen, die von einer gelblichen Form, die so genannten Falben, bis hin zu den rosa getönten Spielarten reichen.

Schönsittich
Neophema pulchella

Verbreitung: SO-Australien
Beschreibung: Größe etwa 20 cm.

Männchen an der Oberseite hauptsächlich grün gefärbt; blaue Gesichtsmaske; Unterseite gelb; Flügel blau; roter Schulterfleck.

Weibchen blasser gefärbt; Brust und Bauch gelblich grün; ohne roten Schulterfleck.

Jungtiere sind ähnlich gefärbt wie die erwachsenen Weibchen. Junge Männchen zeigen meistens eine intensiver blau gefärbte Gesichtsmaske; der rote Schulterfleck auf den mittleren Flügeldecken ist meist andeutungsweise vorhanden.

Noch vor wenigen Jahren war der Schönsittich in seinem Lebensraum so bedroht, dass man sein Aussterben befürchten musste. Sein Bestand hat sich jedoch stabilisiert, da er sich als guter Zuchtvogel bewährt hat.

Die farbenprächtigen, wellensittichgroßen Schönsittiche sind im südöstlichen Australien in offenen Waldgebieten und parkähnlichen Landschaften am Fuße der Gebirgszüge heimisch. Außerhalb der Brutzeit, die in die Monate August bis Dezember fällt, versammeln sie sich zu Gruppen bis zu 50 Exemplaren, um gemeinsam der Nahrungssuche nachzugehen. Als Bodenvogel nimmt er hauptsächlich Wildkrautsamen in den unterschiedlichen Reifestadien als Nahrung auf. Der Schönsittich ist in seinem Lebensraum relativ selten. Noch vor wenigen Jahren stand die Population vor dem Aussterben. Die Situation hat sich jedoch in den letzten Jahren weitgehend verbessert.

Obwohl der Schönsittich im letzten Jahrhundert häufig importiert wurde, gelang es ihm nie, die Popularität des Wellensittichs *(Melopsittacus undulatus)* zu erlangen, zumal er sehr empfänglich für Krankheiten war. Dies hat sich geändert. Er ist zu einem gern gehaltenen Volierenvogel geworden, der in der Regel problemlos mit Prachtfinken vergesellschaftet werden kann.

Jung erworbene Schönsittiche werden sehr zahm und haben es gerne, wenn sie von ihrem Pfleger gekrault werden. Sie laufen oft am Boden; eine Freivoliere mit Gras bewachsenem Grund wäre ein idealer Unterbringungsort für sie. Die Stimme ist von geringer Lautstärke, nur wenn sie erschrecken, geben sie ein metallisch klingendes Gezwitscher von sich.

Der Schönsittich ist neben dem Bourkesittich *(Neophema bourkii)* und dem Glanzsittich *(Neophema splendida)* ein idealer Zuchtvogel für den Anfänger, zumal er in großräumigen Käfigen auch zur Brut schreitet.

Wie bei einigen anderen australischen Sittichen führten auch beim Schönsittich die gezielt angesetzten Gefangenschaftszuchten zu Mutationsfolgen in der Gefiederfärbung.

Glanzsittich
Neophema splendida

Verbreitung: S-Australien
Beschreibung: Größe etwa 20 cm.

Männchen an der Oberseite grün; Gesichtsmaske blau; Hals und Brust rot; Bauch gelb; Schwingen blau.

Weibchen ohne Rotzeichnung; blaue Gesichtsmaske weniger intensiv und von geringer Ausdehnung; Bauch grünlich gelb.

Der Glanzsittich besticht durch die kräftige Farbgestaltung seines Kopf-, Brust- und Bauchgefieders. Leider verschwindet durch zunehmende Mutationszucht die Wildform immer mehr aus den Käfigen und Volieren.

Jungtiere gleichen den Weibchen. Durch die stärkere Blaufärbung der Gesichtsmaske, sowie durch das Vorhandensein einiger roter Federn im Brustbereich unterscheiden sich die jungen Männchen jedoch von den Weibchen.

In den südlichen inneraustralischen Trockengebieten ist der Glanzsittich eine selten vorkommende Art. Sein Lebensraum unterscheidet sich von dem seines nächsten Verwandten, dem Schönsittich *(Neophema pulchella)*, hauptsächlich dadurch, dass es aus trockenem Eukalyptuswald und Akazienbuschland besteht. Als Bewohner dieser ariden Gebiete lebt er außerhalb der Brutzeit nomadisch. Wie beim Schönsittich fällt auch beim Glanzsittich die Brutperiode auf die Monate September bis Dezember.

Noch vor wenigen Jahren galt der Glanzsittich als absolute Rarität in den Volieren der Papageienzüchter. Doch gelang es durch gezielte Zuchtmaßnahmen innerhalb kürzester Zeit, einen gesicherten Bestand mit diesen herrlich gefärbten Sittichen aufzubauen. Heute ist der Glanzsittich eine alltägliche Erscheinung in den Liebhabervolieren. Der Glanzsittich ist ein ruhiger Vogel, der auch die längste Zeit des Tages recht bewegungslos herumsitzt. Aktiv ist er meistens in den Dämmerungszeiten. Ich halte ihn für einen idealen Zuchtvogel für den Neuling auf dem Gebiet der Papageienzucht. Von einer Haltung als Einzelvogel sollte Abstand genommen werden.

Wie bei den beiden anderen beschriebenen Grassitticharten erzielten Züchter seit einigen Jahren so genannte Mutationsvögel, die meiner Meinung nach farblich aber mit den Wildfarbigen nicht konkurrieren können.

Singsittiche
Psephotus spp.

Neben dem eigentlichen Singsittich *(Psephotus haematonotus)* gibt es noch 4 weitere Arten, die zu dieser Gattung gehören. Darunter befindet sich auch der legendäre Paradiessittich *(Psephotus pulcherrimus)*, der vermutlich vor 1930 ausstarb. Bis heute ist man sich nicht sicher, ob dieser Vogel eine eigenständige Art war oder aus Mischlingsbruten innerhalb von Arten dieser Gattung hervorging.

Nur der Singsittich bildet Unterarten. Alle Vertreter der Gattung sind nur in Australien verbreitet und sind typische Vertreter subarider und arider Landschaftsformen.

Singsittich
Psephotus haematonotus

Verbreitung: SO-Australien.
Beschreibung: Größe ca. 28 cm

Männchen hauptsächlich grün gefärbt; Rücken mehr olivgrün; Unterrücken rot; Bauch gelb; Schwingen und Schwanzoberseite blau. Weibchen bräunlich olivfarben; Bauch mehr grauoliv; Unterrücken grün. Jungtiere ähneln den Weibchen. Junge Männchen sind weniger olivgrün, mehr grün und haben einige rote Federn auf dem Unterrücken. In vielen Regionen seines Verbreitungsgebietes wird der Singsittich zum Kulturfolger. Er nutzt im stärksten besiedelten Teil Australiens alle Landschaftsformen, die bis 1000 m hoch liegen. Bevorzugt werden Gebiete, die von Bach- und Flussläufen durchzogen sind.

Oft halten sich kleinere Scharen dieser grünen Sittiche in den Nutz- und Ziergärten der Stadtrandgebiete auf. Hier sieht man sie schnell trippelnd über den Rasen laufen und dabei nach Grassamen und anderen Nahrungsprodukten picken. Wie bei anderen Papageien, die im Südosten Australiens verbreitet sind, beginnt der Singsittich im September mit der Balz. Bei der Nistplatzwahl sind die Sittiche nicht allzu wählerisch. Sie begnügen sich fast mit jeder Höhle, die in einem Baumstamm oder Ast gefunden wird. Selbst in Mauerlöchern von Gebäuden und morschen, ausgehöhlten Weidezaunpfosten fand man Nester. Singsittiche sind sehr fruchtbar. Nester mit bis zu 9 Eiern wurden entdeckt.

Diese Fruchtbarkeit führte bei den in Europa gehaltenen Vögeln dazu, dass innerhalb kürzester Zeit eine stabile Gefangenschaftspopulation aufgebaut werden konnte. Heute zählt der Singsittich mit zu den am häufigsten gehaltenen Papageienarten.

Jung erworben wird er sich zu einem zahmen Vogel entwickeln. Sein Talent

Nachstehende Arten gehören der Gattung der Singsittiche i.e.S. an:

WA I	gängiger Name	wissenschaftlicher Name	Unterarten
❊	Singsittich	*Psephotus haematonotus*	2
❊	Vielfarbensittich	*Psephotus varius*	
●	Hoodedsittich	*Psephotus dissimilis*	
●	Goldschultersittich	*Psephotus chrysopterygius*	
●	Paradiessittich	*Psephotus pulcherrimus*	vermutlich ausgestorben

● = in Anhang I des Washingtoner Artenschutzabkommens aufgenommene Art.
❊ = im Buch vorgestellte Art.

Ein sehr beliebter Volierenvogel ist der ursprünglich aus SO-Australien stammende Singsittich.

Deutlich ist hier die Färbung der Schwingen und des Rückens dieses von seiner Bruthöhle abfliegenden Vielfarbensittichs zu erkennen.

zum Erlernen von Worten oder Pfiffen scheint nur wenig ausgeprägt zu sein.

Wie erwähnt, ist der Singsittich ein typischer Bodenvogel. Bei der Gestaltung des Käfigs oder der Voliere bzw. des Freiplatzes sollte dem Rechnung getragen werden.

Selbstverständlich gibt es auch beim Singsittich Mutationsformen, bei denen hauptsächlich Gelbtöne vorherrschen.

Vielfarbensittich

Psephotus varius

Verbreitung: S-Australien
Beschreibung: Größe etwa 28 cm.

Männchen hauptsächlich grün gefärbt; Stirn gelb; Kopfplatte rotbraun; Schulterfleck gelb; Schwingen blau; Unterbauch und Schenkel rot; Unterschwanzdecken gelblich.

Weibchen sind mehr olivgrün; gelbe Stirn und rotbraune Kopfflecken kaum angedeutet; Schulterfleck rot; Unterseite gräulich grün.

Jungtiere gleichen den Weibchen, jedoch sind junge Männchen intensiver gefärbt.

Der Vielfarbensittich zeigt farblich eine große Ähnlichkeit zum zuvor beschriebenen Singsittich *(Psephotus haematonotus)*, seine Verhaltensweisen unterscheiden ihn aber doch merklich. Auffällig ist, dass der Vielfarbensittich nur paarweise oder im Familienverband der Nahrungssuche nachgeht. Oft sitzen die Papageien unter den Mulga-Akazien und nehmen die heruntergefallenen Samen auf. Die heimische Bevölkerung gab ihm deshalb den Namen Mulga-Parrot. Im Norden seines Verbreitungsgebietes bewohnt der Vielfarbensittich aride Landschaften. Da in diesen Gebieten der Regen sehr unregelmäßig fällt, variiert auch der Beginn der Brutzeit. Die Populationen der etwas feuchteren Regionen brüten regelmäßig ab Juli/August eines jeden Jahres. Vielfarbensittiche haben eine geringe Fluchtdistanz und können beim Fressen aus nächster Nähe beobachtet werden.

Bis vor wenigen Jahren waren Vielfarbensittiche seltene Volierengäste europäischer Vogelliebhaber. Nach anfänglichen Umstellungsschwierigkeiten gelang es aber, die Vögel an unsere klimatischen Bedingungen (hauptsächlich die ungewohnte Feuchtigkeit) zu gewöhnen und dadurch eine gesunde Population aufzubauen.

Sein Verhalten als Einzeltier entspricht dem des zuvor beschriebenen Singsittichs.

Plattschweifsittiche i. e. S.
Platycercus spp.

Die 6 Arten der Plattschweifsittiche im engeren Sinn sind alle in Australien verbreitet eine Art lebt nur auf Tasmanien, der Stanleysittich kommt isoliert im Südwesten des Kontinents vor, der Brownsittich lebt im Norden, alle restlichen Arten im Südosten Australiens. Charakteristisch für alle Arten aus der Gruppe ist der lange, breite Schwanz. Neben der unglaublichen Farbenpracht zeichnet alle Arten auch die so genannte Bartbinde aus, ein farbiger Gefiederstreifen, der sich von der Unterschnabelwurzel über die untere Wangenregion ausdehnt.

Im deutschen Sprachgebrauch werden auch alle 6 Arten Rosellasittiche genannt, z. B. Prachtrosella oder Stanleyrosella usw. Diese Arten lassen sich nicht in der Gruppe halten und ebenso wenig vertragen sie sich mit ihren nächsten Verwandten. Durch ihre Aggressivität können sie nur mit großen Papageienarten vergesellschaftet werden.

Pennantsittich
(Pennantrosella, Roter Rosella)
Platycercus elegans

Verbreitung: SO-Australien, O-Australien. Eingeführt auf den Inseln Norfolk und Lord Howe.
Beschreibung: Größe etwa 36 cm.

Männchen überwiegend rot; Bartstreif und Wangenfleck blau; Schwingen und Schwanz blau; Rückengefieder schwarz gesäumt. Weibchen wie Männchen gefärbt, aber Rückengefieder breit schwarz gesäumt. Jungvögel sind hauptsächlich grün gefärbt, nur Vorderkopf rot; Wangenfleck blau, rot gesäumt; Unterbauch rot.

Pennantsittiche zeichnen sich auf Grund ihrer prächtigen Gefiederfärbung aus. Dadurch fallen sie auch einem ungeübten Betrachter sofort ins Auge. Einen herrlichen Kontrast bilden sie, wenn sie auf dem satten Grün der Parkanlagen und im Rasen der Hausgärten nach Nahrung suchen. Meistens sind es kleine Gruppen von 4–6 Vögeln, die den Tag gemeinsam verbringen. Junge Pennantsittiche schließen sich zu eigenen, größeren Gruppen zusammen. Pennantsittiche leben in den feuchteren Regionen Australiens. Hier bevorzugen sie Wälder und Waldrandgebiete. Gerne fliegen sie in die Obstplantagen ein, um hier an den Äpfeln, Birnen, Pflaumen, Kirschen und anderen Früchten zu fressen. Bei

Die blauschwarz gefärbte Unterflügelseite steht in einem schönen Kontrast zum Rot der Körperfedern des Pennantsittichs.

wissenschaftlichen Untersuchungen über die allgemeinen Nahrungsgewohnheiten stellt man fest, dass die Sittiche besonders viel Insektenlarven fressen, und dass je nach Jahreszeit der Anteil der Larven bis über 50 % der täglichen Futtermenge ausmachen kann. Pennantsittiche brüten zwischen September und Januar, wobei bis zu 6 Nestlinge aufgezogen werden.

Der Pennantsittich ist einer der beliebtesten Großsittiche, wohl in erster Linie seiner hervorstechenden Farbgebung wegen. Er ist ein großer Vogel, der gerne fliegt, sich aber auch auf dem Boden aufhält. Vor allem braucht er viel Freiraum, was bei der Haltung unbedingt zu berücksichtigen ist. Eine Unterbringung in einem Käfig ist für diesen Vogel deshalb nicht zu empfehlen. Pennantsittiche werden meist sehr vertraut und zahm. Sie turnen dann gerne auf dem Rücken und den Schultern des Pflegers herum und genießen diese Spielerei und die Zuwendung.

Mir ist nur die paarweise Haltung dieser Sittiche bekannt Ich könnte mir aber vorstellen, dass sich der Pennantsittich bei der Einzelhaltung besonders eng an seinen Pfleger anschließt. Obwohl der Pennantsittich recht groß ist, ist sein Ruf dennoch nicht unangenehm laut. Nur der im Schreck ausgestoßene Schrei ist metallisch grell.

Intensive Haltungszucht führte in den letzten Jahren zu Mutationen. So gibt es zwischenzeitlich bereits so genannte blaue, gelbe und weiße Pennantsittiche.

Rosellasittich
(Prachtrosella, Gelbmantelrosella, Rosella)
Platycercus eximius

Verbreitung: SO-Australien, Tasmanien.
Beschreibung: Größe etwa 32 cm

Männchen: Kopf, Nacken, Kehle, Brust und Oberbauch rot; Wangenregion weiß; Rücken schwärzlich. Federn gelb gesäumt; Unterbauch gelb in grün übergehend; Unterschwanzdecken rot; Schwanz grünblau. Weibchen ähneln den Männchen, das Rot ist matter und von geringer Ausdehnung.

Jungtiere sind den Weibchen ähnlich, haben aber einen grünen Hinterkopf.

Beim Rosellasittich unterscheidet man 3 geografische Rassen, die alle im etwas feuchteren Südosten des Kontinents verbreitet sind. Der Prachtrosella liebt offene Landschaftsformen. Er unterscheidet sich damit vom zuvor beschriebenen Pennantsittich *(Platycercus elegans)*, der ja geschlossene Wälder vorzieht. Es zeigt sich, dass überall dort, wo der Pennantsittich durch Waldrodungen weichen muss, der Prachtrosella sofort in die freigewordene Nische vordringt und diesen neu geschaffenen Lebensraum für sich erschließt. Auch der Rosella ist ein typischer Bodenbewohner, der den Großteil des Tages am Erdboden verbringt, um dort Nahrung zu suchen und zu fressen. Er gilt als geselligster Vertreter aus der Gattung. In den Südwintermonaten schließen sich oft mehrere Familien zusammen, so dass Gruppen mit über 199 Exemplaren entstehen. Sobald die Fortpflanzungszeit näher rückt, lösen sich die Gruppen auf. Dann kann es sogar zu erbittert geführten Kämpfen kommen, wenn ein Paar versucht, ein bereits besetztes Revier zu beanspruchen.

Rosellas sind sehr fruchtbar, Gelege, die 8 Eier oder Nestlinge enthalten, sind keine Ausnahmen.

Sie zählen in ihrem Heimatland zu den Kulturfolgern und sind dementsprechend häufig.

In unseren Volieren finden sich häufig Rosellasittiche, und da sie gute Zuchtvögel sind, werden sie gerne gehalten.

Nachstehende Arten gehören der Gattung der Plattschweifsittiche i.e.S. an:

	gängiger Name	**wissenschaftlicher Name**	**Unterarten**
	Gelbbauchsittich	*Platycercus caledonicus*	
❄	Pennantsittich*	*Platycercus elegans*	6
❄	Rosellasittich	*Platycercus eximius*	2
	Blasskopfrosella	*Platycercus adscitus*	2
	Brownsittich	*Platycercus venustus*	2
❄	Stanleysittich	*Platycercus icterotis*	2

* incl. Adelaiderosella und Strohsittich

❄ = im Buch vorgestellte Art.

Rosellasittiche sind die bekanntesten Vertreter aus der Gattung der Plattschweifsittiche. Deutlich unterscheidet sich bei diesem Pärchen das intensiver gefärbte Männchen.

Viele Züchter benützen sie auch oft als so genannte Ammenvögel, d. h., dass ihnen Eier oder Junge fremder Arten im Nest untergelegt werden.

Rosellasittiche nehmen untergeschobene Eier und junge Nestlinge an, brüten diese aus und ziehen die Fremdlinge mit ihren eigenen Jungen groß.

Neben den Rosellasittichpärchen, die ich in früheren Jahren pflegte, hielt ich auch zwei Einzeltiere. In ihren Verhaltensweisen unterschieden sich die beiden extrem voneinander. Der erste, es war ein Weibchen, wie sich später herausstellte, kam mit einem Alter von etwa 3 Monaten in meine Obhut. Dieses Tier wurde nie zahm. Sobald eine Person in seine Nähe kam, verzog es sich in die hinterste Ecke. Gegenüber anderen Papageienarten, auch weitaus kleineren, zeigte es dieselbe Scheu.

Der zweite Rosella, er entwickelte sich zu einem farbenprächtigen Männchen, was das genaue Gegenteil. Das Tier stammte aus eigener Zucht. Schon kurz nach dem Ausfliegen aus der Nisthöhle suchte er meinen Kontakt. Schon bald liebte er es über alles, wenn ich ihm sein Köpfchen kraulte. Als er die volle Selbstständigkeit erreicht hatte, wurde er von seinem Vater angegriffen und vertrieben. Dies war der Zeitpunkt, ihn in die Wohnung zu nehmen. Hier wurde er zu einem äußerst zahmen Hausgenossen, dessen Lieblingsplatz die Schulter war. Er versuchte auch einige Worte nachzuahmen, hatte hierbei allerdings große Schwierigkeiten bei der Wiedergabe. Oft hat er die Silben der wenigen Worte vermischt und dazu noch natürliche und gelernte Pfiffe eingestreut. Er war durchweg ein Unikum. Mit anderen Papageien, größeren und kleineren Arten, hat er gut harmoniert. Letztendlich war er aber immer derjenige, der das Geschehen bestimmte.

Stanleysittich
(Stanleyrosella)
Platycercus icterotis

Verbreitung: SW-Australien
Beschreibung: Größe etwa 26 cm

Männchen: Kopf, Brust, Bauch, Unterschwanzdecken rot; Oberseite überwiegend grün; Wangen gelb; Schwingen blau.

Weibchen sind wie die Männchen gefärbt, haben aber grünliches Kopfgefieder, nur der Vorderkopf ist rot; die Unterseite ist mit grünen Federn durchsetzt; die Rückenfedern sind nicht hell gesäumt.

Jungtiere sind hauptsächlich grün gefärbt, nur am Vorderkopf und Bauch zeigen sich einige rote Federn; die Wangenregion ist gelbgrün.

Der Stanleysittich ist die kleinste Art aus der Gruppe. Wissenschaftler betrachten ihn bereits als Verbindungsglied seiner Gattung mit den Arten der Gattung der Singsittiche i. e. S. (*Psephotus* spp.), da viele seiner Verhaltensweisen mit denen der Singsittiche vergleichbar sind.

Sein Lebensraum beschränkt sich auf den trockenen Südwesten des Kontinents. Lichter Eukalyptuswald, Baum- und Strauchsavannen sowie landwirtschaftliche Nutzflächen sind sein typischer Lebensraum. Hier ist er relativ häufig. Gegenüber Menschen hat er nur eine geringe Fluchtdistanz und kann daher aus nächster Nähe beim Fressen beobachtet werden. Meistens sieht man ihn nur in kleinen Gruppen oder paarweise bei der Nahrungssuche und -aufnahme. Wie die anderen Gattungsmitglieder nimmt auch der Stanleysittich den Hauptteil seiner Nahrung, Samen aller Art und Insektenlarven, vom Boden auf. Die Brutzeit fällt auf die letzten 4 Monate des Jahres, so dass es Anfang September zur Eiablage und zum Brüten kommt.

Der Stanleysittich ist ein ruhiger, äußerst „liebenswürdiger" Vertreter, der sich sehr gut als Hausgenosse eignet, vorausgesetzt, man erhält ein nestjunges Exemplar. Sein Platzbedarf (Käfiggröße) ist nicht ganz so groß wie bei den beiden zuvor beschriebenen Verwandten, da er doch merklich kleiner und weniger agil ist. Von einer Begabung zum Sprechen lernen ist mir nichts bekannt. Sicherlich, Talente finden sich bei jeder Art und so wird es auch unter den Stanleysittichen solche geben.

Bei den Stanleysittichen ist die Gefiederfärbung der Geschlechter sehr verschieden. Das Weibchen, der rechts sitzende Vogel, ist um vieles matter gefärbt.

Für Papageienhalter, die sich auf eine Zucht konzentrieren möchten, ist der Stanleysittich ein besonders empfehlenswerter Pflegling. Allerdings wird sich ein Erfolg nur dann einstellen, wenn eine Voliere, möglichst Freivoliere, zur Verfügung steht.

Laufsittiche
Cyanoramphus spp

Laufsittiche sind kleine, am Boden lebende Sittiche mit grüner Gefiederfärbung, die ihnen eine gute Tarnung und Schutz vor Feinden bietet.

Alle Arten dieser Gruppe sind in ihren Lebensräumen sehr stark bedroht und stehen teilweise vor dem Aussterben. Als Inselbewohner fehlt ihnen unberührtes Hinterland zur Bestandsregulierung. Die neuseeländischen Arten und Unterarten sind dagegen nicht ganz so bedroht wie die auf den kleinen Inseln vorkommenden Arten. Durch den Eingriff des Menschen sind bisher bereits mindestens 2 Arten und 2 Unterarten ausgerottet worden.

Obwohl der Ziegen- und der Springsittich in ihren natürlichen Lebensräumen aufs stärkste bedroht sind, ist der Handel mit den „Gefangenschaftsexemplaren" erlaubt. Beide Arten sind äußerst fruchtbar, und so war es in der Vergangenheit möglich, einen großen und wohl auch gesundheitsstabilen Bestand in den Volieren der Züchter aufzubauen.

Die noch geringen Bestände an Ziegensittichen sind durch die extremen Veränderungen ihrer Lebensräume in Neuseeland äußerst gefährdet. Eingeschleppte europäische Säugetiere, besonders Ratten, sind eine zusätzliche Gefahr für diese überwiegend bodenaktiven Vögel.

✻ Ziegensittich
Cyanoramphus novaezelandiae

Verbreitung: Neuseeland und einige umliegende Inseln.
Beschreibung: Größe etwa 30 cm.

Männchen grün und mit unterschiedlichen Schattierungen; Stirn und Vorderkopf rot; roter Fleck unter dem Auge.

Die Weibchen haben einen kleineren Kopf und schmächtigeren Schnabel; das

Nachstehende Arten gehören der Gattung der Laufsittiche an:

WA I		gängiger Name	wissenschaftlicher Name	Unterarten
●	✻	Ziegensittich	*Cyanoramphus novaezelandiae*	4
		Springsittich	*Cyanoramphus auriceps*	
●		Chathamlaufsittich	*Cyanoramphus forbesi*	
		Antipodenlaufsittich	*Cyanoramphus unicolor*	
		Alpensittich	*Cyanoramphus malherbi*	
●		Norfolklaufsittich	*Cyanoramphus cookii*	
		Neukaledonienlaufsittich	*Cyanoramphus saisseti*	

Die systematische Stellung der Arten und Unterarten ist zurzeit im Wandel.

● = in Anhang I des Washingtoner Artenschutzabkommens aufgenommene Art.
✻ = im Buch vorgestellte Art.

Rot ist dunkler und von geringerer Ausdehnung.

Jungvögel zeigen eine geringere Rotfärbung.

Ziegensittiche sind gesellig lebende Papageien, die außerhalb der Brutzeit in kleinen Gruppen umherziehen. Den Großteil des Tages verbringen sie bei der Nahrungssuche und mit Fressen. Ganz untypisch für Papageien ist, dass sie sehr geschickt und schnell auf dem Boden umherlaufen und hühnerähnlich mit den Füßen scharren, umso keimende Samen, Knollen und Wurzeln und eventuell am und im Boden lebende Insekten freizulegen. An Meeresstränden hat man beobachtet, wie sie an zerbrochenen Pinguineiern fraßen und nach kleinen Krustentieren jagten.

Als Bodenbewohner ist der Ziegensittich sehr fruchtbar, da am Boden viele Eier abhanden kommen und Jungtiere dort während der Nestlingszeit sehr gefährdet sind. So sind zum Erhalt des natürlichen Bestandes Gelege mit etwa 7 Eiern obligatorisch.

Die Brutzeit fällt, bedingt durch die extreme Ausdehnung des Lebensraums (von Neukaledonien im Norden südwärts bis zu den Auckland-Inseln besteht eine Differenz von 4000 km) in die Monate August bis März. Bald nach dem Ausfliegen der Jungen vereinigen sich die Familienverbände zu kleinen Gruppen.

Die eingreifenden Landschaftsveränderungen, die sich in seinem Lebensraum abspielen, haben den Ziegensittich nahezu zum Aussterben gebracht. Er gehört zu den Arten die im Anhang I des Washingtoner Artenschutzübereinkommens geführt werden. Dennoch sind Ziegensittiche häufig gehaltene Papageien, da sie in Gefangenschaft erfolgreich gezüchtet worden sind und automatisch in Anhang II des Artenschutzabkommens nachrückten.

Eine bodenbepflanzte Voliere wäre für diese Papageienart eine ideale Unterbringung. Bei Haltung in einem Käfig, natürlich nur in einem großflächigen, sollten den Vögeln öfters Walderde mit Laub oder Grassonden geboten werden.

Schon öfters wurde von sehr zahmen Ziegensittichen berichtet. Selbst bei paarweiser Haltung in einer Voliere werden die Tiere so zahm, dass sie auf die Schulter oder den Arm des Pflegers fliegen.

Edelpapagei

Eclectus roratus
(einzige Art der Gattung)

Verbreitung: NO-Australien, Neuguinea und einige umliegende Inseln.
Beschreibung: Größe etwa 35 cm.

Männchen überwiegend grün gefärbt; Bauchseiten (unter den Flügeln) und Unterflügeldecken rot; Schwingen blau; Oberschnabel orangefarben, Unterschnabel schwarz; Iris orange.

Weibchen überwiegend rot; am Oberrücken blau; Bauch blau; Schnabel schwarz; Iris gelblich weiß.

Jungtiere gleichen den Alten; zuerst haben sie schwarze, dann gelbliche und schließlich die typisch gefärbten Schnäbel; die Iris ist braun.

Die geschlechtsbezogene Gefiederfärbung des Edelpapageis ist einmalig in

Edelpapageien sind amazonengroße Papageien von beeindruckender Färbung. Die Männchen sind vorwiegend grün, die Weibchen rot gefärbt.

der gesamten Gruppe der Papageien. Viele Jahre glaubten Zoologen, dass es sich um zwei ganz verschiedene Arten handeln würde. Erst wissenschaftliche Freilandbeobachtungen klärten den wahren Sachverhalt auf.

Der Edelpapagei ist die einzige Art der Gattung *Eclectus*. In dem weit zerstreuten Lebensgebiet (Inseln) haben sich jedoch viele Unterarten gebildet, die teilweise in der Färbung merklich von der hier beschriebenen Unterart, dem Neuguinea-Edelpapagei *(Eclectus roratus pectoralis)* abweichen.

Edelpapageien besiedeln in kleinen Gruppen, meistens weniger als 10 Exemplare, die Feuchtwälder und Waldrandzonen bis zu 1000 m Höhe. Zur Nahrungssuche fliegen sie in offene Wälder und Baumsavannen. Baumfrüchte aller Art, aber auch Blüten und Pollen gehören zu ihrer Nahrung.

Zur Brutzeit ziehen sich die Paare in eigene Brutreviere zurück, um dort von Artgenossen ungestört ihre Jungen aufzuziehen. Auf Grund der klimatischen Unterschiede im Verbreitungsgebiet variiert der Beginn der Brutzeit erheblich.

Edelpapageien sind relativ gute Brutvögel in den Anlagen von Züchtern, und so werden immer wieder Nachzuchttiere angeboten, die meistens besonders zahm sind. Ich erhielt einmal ein ganz junges Weibchen, ein importiertes Tier der Neuguinea-Rasse. Ohne besonderes Zutun war es nach wenigen Tagen ganz zahm. Sie liebte es, in die Hand genommen zu werden und hielt überhaupt einen besonders engen Kontakt zum Menschen. Ihr Sprechtalent war außerordentlich groß und ohne gezielte Förderung erlernte sie einige Worte, einen ganzen Satz, den sie mit sonorer Stimme: „wo ist denn der Papagei" vortrug, und dazu noch einige Pfiffe. Sie verhielt sich, wie auch viele anderen Edelpapageien, dem Männchen gegenüber sehr dominant und duldete ihn nur zur Brutzeit in nächster Nähe. Er verhielt sich dem Menschen gegenüber reserviert, fast ängstlich. Ich habe aber bereits viele Männchen gesehen die genauso zahm waren wie mein Weibchen.

Edelpapageien sollten in großen Flugkäfigen oder Volieren untergebracht werden. In kleinen Behältnissen sind sie recht phlegmatisch und zeigen so gut wie keine Aktivitäten.

Edelsittiche
Psittacula spp.

Die Edelsittiche sind eine Gruppe von Papageien, die als Verbindungsglied zwischen den langschwänzigen australischen und amerikanischen Papageien angesehen werden. Ihr Lebensraum bedeckt große Regionen von Süd- und Südostasien, eine Art ist sogar von SO-Asien bis W-Afrika verbreitet. Von den Arten, die auf den Inseln im Indischen Ozean lebten, ist nur noch der Echosittich *(Psittacula echo)* existent. Andere dort vorkommende Arten der Gattung wurden schon kurz nach der europäischen Besiedlung ausgerottet.

Charakteristisch für die Edelsittiche ist deren verlängertes Schwanzfedernpaar, das über die Hälfte ihrer Gesamtlänge ausmacht. Männchen und Weibchen unterscheiden sich merklich voneinander, ebenso zeigen die Jungtiere ein Jugendgefieder.

Grundsätzlich sind alle Arten der Edelsittiche sehr ähnlich.

Nachstehende Arten gehören der Gattung der Edelsittiche an:

WA	gängiger Name	wissenschaftlicher Name	Unterarten
✻	Alexandersittich	*Psittacula eupatria*	5
✻	Halsbandsittich	*Psittacula krameri*	4
●	Echosittich	*Psittacula echo*	
	Schwarzkopfedelsittich	*Psittacula himalayana*	
	Finschs Edelsittich	*Psittacula finschii*	
	Rothschilds Edelsittich	*Psittacula intermedia*	
✻	Pflaumenkopfsittich	*Psittacula cyanocephala*	2
	Rosenkopfsittich	*Psittacula roseata*	2
	Malabarsittich	*Psittacula columboides*	
	Blauschwanzedelsittich	*Psittacula calthrapae* (*P. calthorpae*)	
	Chinasittich	*Psittacula derbiana*	
	Bartsittich	*Psittacula alexandri*	8
	Langschwanzedelsittich	*Psittacula longicauda*	5
	Graukopfedelsittich	*Psittacula caniceps*	

● = in Anhang I des Washingtoner Artenschutzabkommens aufgenommene Art.
✻ = im Buch vorgestellte Art.

Edelsittiche, insbesondere die Arten Alexander- und Halsbandsittich, sind seit der Antike in Europa bekannt. Schon die Griechen und Römer hatten ihren Spaß an diesen Papageien.

Alexandersittich
(Großer Alexandersittich)
Psittacula eupatria

Verbreitung: Von O-Afghanistan und W-Pakistan über Indien bis Vietnam, einschließlich Sri Lanka und Andamanen-Inseln.
Beschreibung: Größe etwa 50 cm

Männchen: überwiegend grün gefärbt; schwarzer „Bartstreifen“ rosarotes Nackenband; rotbrauner Schulterfleck, Schnabel rot.

Weibchen: wie Männchen, aber mattere Grünfärbung; kein schwarzes Hals- und rosarotes Nackenband; zentrales Schwanzfedernpaar etwas kürzer.

Jungtiere gleichen den Weibchen, haben aber kürzere Schwanzfedern.

Der Artenname „eupatria“ ist griechischen Ursprungs und bedeutet soviel wie prächtig, prachtvoll, stattlich und bezieht sich auf das Aussehen des Alexandersittichs. Dieser Papagei hat seinen

Alexandersittiche sind große, kräftige Papageien mit sehr langen Schwänzen. Das hier abgebildete Männchen ist ein erwachsenes Tier, was durch den farbig ausgeprägten Halsring und Schulterfleck zu erkennen ist.

wissenschaftlichen Namen nicht zu unrecht, denn er gibt ein wirklich majestätisches Bild ab. Ich konnte oftmals Alexandersittiche in ihren Heimatgebieten beobachten und war besonders über ihr Verhalten begeistert. Herrlich anzusehen ist auch ihr Flugbild, wobei der etwas massige Körper durch den langen nachfließenden Schwanz stromlinienförmig wirkt.

Alexandersittiche leben in kleinen Gruppen, schließen sich aber an exponierten Nahrungs- und Schlafplätzen zu großen Ansammlungen zusammen. Sie bevorzugen Blätter abwerfende Trocken- und Feuchtwälder und Waldrandgebiete, (die Unterart *P. e. nipalensis* besiedelt auch bewässerte Wüstenregionen). Sie ernähen sich hauptsächlich von den Früchten der Bäume und Palmen. Manchmal fallen sie in Anbaugebiete ein und verursachen erhebliche Ernteschäden.

Der Brutbeginn des Alexandersittiches variiert wegen des großen Verbreitungsgebietes etwas und fällt auf die Monate November bis Januar. Oft besetzen mehrere Paare die Bruthöhlen eines Nistbaumes. Die 3–4 Eier werden 28 Tage lang vom Weibchen bebrütet. Etwa 7 Wochen dauert die Entwicklung der Jungen bis zum Flüggewerden.

Alexandersittiche wurden schon lange vor Beginn der Zeitrechnung gehalten und zum Sprechen lernen abgerichtet. Nachdem sie nach Europa gelangten, waren sie bei den Griechen und Römern hoch bezahlte Handelsobjekte, und ihre Sprachbegabung wurde mit Gold und Edelsteinen aufgewogen. Es gehörte damals zum guten Ton, einen Alexandersittich zu besitzen. Eigene Lehrer zähmten sie und lehrten sie sprechen und waren für die Pflege der in goldenen, mit Perlmutt besetzten Käfigen untergebrachten Vögel verantwortlich.

Heutzutage gelangen Alexandersittiche selten in den Handel, was ich bedauere, da sich diese Papageien besonders eng an den Pfleger anschließen. Ihr Talent zum Sprechen lernen kann man nicht mit dem eines Graupapageis *(Psittacus erithacus)* vergleichen, aber er ist so gut ausgeprägt, dass die Papageien in der Lage sind, ganze Sätze zu erlernen.

Alexandersittiche sind große Papageien mit einem wuchtigen Schnabel. Eine stabile Behausung ist daher unbedingt erforderlich.

Halsbandsittich
(Kleiner Alexandersittich)
Psittacula krameri

Verbreitung: Mittleres Afrika, über W-Pakistan, Indien, Nepal, N-Burma, Sri Lanka.
Beschreibung: Größe etwa 40 cm.

Männchen überwiegend grün; schwarzer „Bartstreifen"; schmales rosarotes Nackenband; Oberschnabel dunkelrot; Unterschnabel braunschwarz; Iris gelblich.

Weibchen wie Männchen, aber ohne „Halsband".

Jungtiere gleichen den Weibchen, haben aber ein kürzeres Zentralschwanzfederpaar; der Schnabel ist heller rot; die Iris ist grauweiß.

Beim Halsbandsittich werden 4 Unterarten unterschieden, 2 afrikanische und 2 asiatische. Die 4 Formen unterscheiden sich in der Färbung des Grüns, des Hals- und Nackenbandes, sowie in der Schnabelfärbung. Hinzu kommen noch Unterschiede in der Größe.

In nahezu allen Regionen seiner Verbreitung ist der Halsbandsittich eine alltägliche Erscheinung. Die asiatischen Unterarten sind sogar noch häufiger als die afrikanischen. Sie verstehen es, alle Lebensgebiete zu nutzen und sind in den Wäldern der himalayischen Vorberge ebenso anzutreffen wie in den Halbwüsten Afrikas. Als Kulturfolger findet man sie besonders in Siedlungsnähe der Landbevölkerung. Selbst in den indischen Großstädten sind sie vertreten. Hier mischen sie sich unter die Tauben und fressen mit diesen auf den Gehwegen und Straßen.

Die Rückenansicht dieses Halsbandsittichs zeigt die Farbübergänge des pastellfarbenen Gefieders. Das rosarote Nackenband weist das abgebildete Tier als Männchen aus.

Ihre Nistplätze legen sie oft in den Mauernischen der Häuser an. Auf Sri Lanka brüten sie in riesigen Kolonien in den historischen Tempelanlagen. Der Lärm, den sie durch ihr ständiges Geschrei erzeugen, ist kaum zu ertragen. Ich habe mich öfters unter die Brutbäume- und -plätze der Halsbandsittiche gestellt, musste aber nach kürzester Zeit wegen ihres Lärmens „das Feld räumen".

Der Halsbandsittich gehört zu den Papageien, die uneingeschränkt handelsfähig sind; sie werden deshalb auch jederzeit im Zoohandel angeboten. Sie sind, bei Haltung in einer Voliere, ausgezeichnete Zuchtvögel, die regelmäßig brüten und zuverlässig ihre Jungen aufziehen. Durch das verhältnismäßig große Angebot an diesen Vögeln kann man fast immer Jungtiere erwerben, die bei sachgerechter Behandlung erstaunlich zahm und außerdem gute Sprecher werden. Männchen scheinen begabter als die Weibchen zu sein, jedoch können diese Papageien erst mit einem Alter von 2 Jahren, bedingt durch die Färbung, geschlechtlich bestimmt werden.

Mit anderen Arten lassen sie sich schlecht vergesellschaften. Sie können sehr aggressiv werden und greifen auch weitaus größere Arten an. Gegenüber ihrem Pfleger entwickeln sie ein inniges Verhalten und größte Zutraulichkeit.

Vom Halsbandsittich gibt es zwischenzeitlich einige Mutationsformen. Begehrt sind die Albinos, Lutinos und Blauen, die aber zu sehr hohen Preisen gehandelt werden.

Pflaumenkopfsittich
Psittacula cyanocephala

Verbreitung: Indien; östliches W-Pakistan; S-Nepal, S-Bhutan und Sri Lanka.
Beschreibung: Größe etwa 33 cm.

Männchen überwiegend grün gefärbt; Kopfgefieder rotblau; Hinterkopf mehr blau; schwarzes Band vom Unterschnabel zum Nacken hin; braunroter Fleck auf den Flügeldecken; zentrales Schwanzfedernpaar blau, an der Spitze weiß Oberschnabel orangegelb, Unterschnabel schwarz.

Weibchen ähneln den Männchen, haben aber ein blaugraues Kopfgefieder; der Schulterfleck fehlt.

Jungtiere gleichen den Weibchen, haben aber ein grüngraues Kopfgefieder; die Schwanzfedern sind wesentlich kürzer.

Auf Sri Lanka sah ich öfters kleine Gruppen von Pflaumenkopfsittichen. Ihre Lebensräume sind dort sehr unterschiedlich. Ich sah sie im trockenen Norden und im tropischen Bergwald.

Plaumenkopfsittiche sind, obwohl sie lange nicht so laut schreien wie die oft in Massen vertretenen Halsbandsittiche *(Psittacula krameri)*, auffallende Vögel, da sie, wenn sie aufgeschreckt werden, schrille Rufe während des Fluges ausstoßen. Beim Fressen und beim Ruhen lassen sie ein melodiöses Gezwitscher hören. Pflaumenkopfsittiche ernähren sich überwiegend von wilden Feigen und anderen Früchten. Manchmal fallen sie in landwirtschaftliche Anbaugebiete ein und fressen verschwenderisch von Reis, Mais, Sorghum und vor allem von Obst. Die Brutzeit beginnt im Dezember/Januar. Löcher in Ästen und Baumstämmen diesen als Kinderstube. Oft brüten mehrere Paare auf engstem Raum; es finden sich Nester, die nur einen Meter voneinander entfernt sind.

In seinem Verbreitungsgebiet ist der Pflaumenkopfsittich ein gern gehaltener Käfigvogel. Kinder räubern die Nesthöhlen aus und verkaufen die Nestlinge auf den Märkten. Auch bei uns sind Pflaumenkopfsittiche beliebte Stubenvögel. In der Regel gelangen junge, unausgefärbte Tiere in den Handel. Diese legen die anfängliche Scheu sehr schnell ab. Bald entsteht ein inniges Verhältnis zum Pfleger. Von der Lautstärke her sind

Pflaumenkopfsittiche sind zierliche, langschwänzige Papageien. Die Färbung des Kopfgefieders des Männchens (links sitzender Vogel) drückt sich im deutschen Artennamen aus.

Pflaumenkopfsittiche die angenehmsten Vertreter aus der Gattung *Psittacula*.

Fledermauspapageien
Loriculus spp.

Die Fledermauspapageien sind eine Gruppe äußerst kleiner, zierlicher Papageien, deren Hauptnahrung aus Blüten, Pollen und Nektar besteht. Ihr Lebensraum erstreckt sich von S-Indien und Sri Lanka östlich bis Neuguinea. Ihre beim Ruhen und Schlafen eigenartig angenommene Ruhestellung, nämlich kopfüber zu hängen, ist von kaum einer anderen Vogelart, noch weniger von anderen Papageienarten bekannt. Eine weitere Eigenart unterscheidet sie von anderen Papageien: So tragen sie, wie die Unzertrennlichen (*Agapornis* spp.), ihr Nest-

Fledermauspapageien sind die Zwerge unter den Papageienvögeln, nur die wenig bekannten Spechtpapageien (Micropsitta spp.) bringen noch kleinere Arten hervor. Das abgebildete Blaukrönchen ist ein sehr schwieriger Kostgänger.

material zwischen das Bürzelgefieder gesteckt, zum Nest.

Die Fledermauspapageien sind diffizielle Kostgänger, deren Haltung eine gewisse Sachkenntnis voraussetzt.

Blaukrönchen
Loriculus galgulus

Verbreitung: Malaisia, Indonesien auf der Insel Sumatra und einiger kleinere Inseln.
Beschreibung: Größe etwa 12 cm.

Männchen überwiegend grün gefärbt; Oberkopf blau; Oberrücken goldfarben; Kehle rot; Unterrücken und Schwanzdecken rot; Schnabel schwarz.

Weibchen haben keinen roten Kehlfleck; Blau auf dem Oberkopf ist nur angedeutet.

Jungtiere mehr gelblichgrün; Stirn bläulich; Unterrücken und Oberschwanzdecken weniger rot; Schnabel gräulich hornfarben.

Der Lebensraum des Blaukrönchens sind offene Wälder und Waldrandgebiete. In dichten Urwäldern ist der Vogel selten und scheint auch in Höhen über 1000 m nicht häufig vorzudringen. In Obstgärten und -plantagen, ebenso in Kokosnussanbaugebieten tauchen die kleinen Papageien immer wieder auf. In kleinen Gruppen, oftmals auch paarweise oder einzeln, gehen die Vögel der Nahrungssuche im oberen Kronendach der Bäume nach. Früchte, Beeren, Knospen, Blüten, Nektar und Kleininsekten sind die Bestandteile ihrer Nahrung.

Blaukrönchen können schnell laufen und haben eine sehr eigenartige Fortbewegungsart. Mit jedem Schritt drehen sie den ganzen Körper und setzen dabei einen Fuß so weit nach vorne, dass er weit über die Körperlinie hinaus reicht. Die Bewegungen des Blaukrönchens sind für Papageien vollkommen untypisch. Der Alarmruf ist laut und schrill, ansonsten lassen die „bunten Gesellen“ ein melodiöses Gezwitscher hören. Besonders während der Balzzeit tragen die Männchen unterstützt durch starkes Flügelvibrieren ihre Werbegesänge vor.

Die Brutperiode der Blaukrönchen fällt in ihrem ausgedehnten Verbreitungsraum in die Zeit von Januar bis etwa Juli. Als Höhlenbrüter bevorzugen sie Höhlungen in einem Stamm oder Ast eines lebenden oder abgestorbenen Baumes.

Das Blaukrönchen ist in seinem Heimatgebiet ein beliebter Käfigvogel. Auf Märkten, wo die Blaukrönchen unter abenteuerlichen Verhältnissen – oft über 100 Exemplare in winzigen Käfigen – angeboten werden, kann man sie billig erwerben. Da sie aber hauptsächlich nur mit Bananen gefüttert werden, ist ihnen leider meist nur eine geringe Lebensdauer beschieden.

Nach Europa gelangten bereits im letzten Jahrhundert die ersten lebenden Exemplare. Die langen Transportwege, sowie die unzureichende Ernährung raffte innerhalb kürzester Zeit einen Großteil der eingeführten Vögel hin. Heute, nachdem die Verbindungswege bestens erschlossen sind, und es keine Ernährungsprobleme mehr gibt, gelangen immer wieder Blaukrönchen in den Tierhandel, und werden dort meistens in „guter" körperlicher Verfassung angeboten.

Blaukrönchen sind von der Geräuschentwicklung her angenehme Pfleglinge, die bei sachgerechter Ernährung und Unterbringung auch zur Brut schreiten. In den letzten Jahren fanden einige erfolgreiche Aufzuchten mit diesen Tieren statt.

Die Haltung und Pflege dieser kleinen Zwerge erfordert jedoch Sachverstand, so dass nur erfahrene Papageienhalter sich dieser Art annehmen sollten.

Nachstehende Arten gehören der Gattung der Fledermauspapageien an:

	gängiger Name	**wissenschaftlicher Name**	**Unterarten**
	Frühlingspapageichen	*Loriculus vernalis*	
	Blumenpapageichen	*Loriculus beryllinus*	
	Philippinenpapageichen	*Loriculus philippensis*	10
	Bonapartes Fledermauspapagei	*Loriculus bonapartei*	
*	Blaukrönchen	*Loriculus galgulus*	
	Rotplättchen	*Loriculus stigmatus*	?
	Zierpapageichen	*Loriculus amabilis*	3
	Rotsteißpapageichen	*Loriculus catamene*	
	Goldstirnpapageichen	*Loriculus aurantiifrons*	3
	Zartpapageichen	*Loriculus tener*	
	Däumlingspapageichen	*Loriculus exilis*	
	Elfenpapageichen	*Loriculus pusillus*	
	Blütenpapageichen	*Loriculus flosculus*	

* = im Buch vorgestellte Art.

Unzertrennliche

Agapornis spp.

Die Gattung der Unzertrennlichen besteht aus 9 Arten und ist auf Grund der gemeinsamen Merkmale sehr homogen. Die nur etwa sperlingsgroßen, kurzschwänzigen Papageien sind überwiegend grün gefärbt. Der Schnabel ist groß und wirkt sehr wuchtig. Ihr Lebensraum ist auf Zentral- und Südafrika begrenzt. Eine Art, das Grauköpfchen, ist auf Madagaskar heimisch. Diese kleinen Papageien haben sich die Herzen der Vogelfreunde erobert und zählen heute zu den am meisten gehaltenen Krummschnäbeln. (Nur der Wellensittich und der Nymphensittich werden wohl noch häufiger gehalten.)

Rosenköpfchen

Agapornis roseicollis

Verbreitung: SW-Afrika.
Beschreibung: Größe etwa 16 cm.

Männchen und Weibchen grün gefärbt; Stirn rot; Kopf, Kehle rosarot; Unterrücken hellblau; Schnabel hornfarben. Jungtiere sind blasser gefärbt; ganz junge Vögel haben bräunliche Flecken am Schnabel.

Rosenköpfchen besiedeln die Trockenlandschaften im südwestlichen Afrika. Busch- und Baumsavannen, die mit Wasserläufen durchzogen sind, sind ihr charakteristischer Lebensraum, in denen man sie bis in 1600 m Höhe antrifft. Rosenköpfchen vereinigen sich zu besonders großen Schwärmen und können, wenn sie in Hirse- oder Maisfelder einfallen, beträchtlichen Schaden anrichten.

Sie brüten in Kolonien und beschlagnahmen hier oft die Nester der Webervögel. Zur Nestauspolsterung tragen die Weibchen Rindenstücke ein. Diese Rindenstreifen werden von den Ästen abgeschält und zwischen das Rücken- und Bürzelgefieder gesteckt und bleiben während des Fluges zum Nest im Gefieder haften.

Das Weibchen legt bis zu 5 Eier in seiner Nisthöhle ab. Nach einer Brutzeit von etwa 21 Tagen schlüpfen die Jungen und bleiben etwa 35 Tage im Nest. Kurze Zeit nach dem Ausfliegen erreichen die Jungen ihre Selbstständigkeit. Bei günstigem Nahrungsangebot kommt es manchmal zu einer zweiten Brut.

Das muntere Wesen der Rosenköpfchen begeistert schon über 100 Jahre die Vogelliebhaber in allen Kontinenten, und so blieb es nicht aus, dass sie mit zu den beliebtesten Papageien zählen.

Mit ihrer geringen Körpergröße stellen sie keine allzu großen Ansprüche an die Größe ihrer Behausung.

Junge Rosenköpfchen werden außerordentlich zahm und lieben den engen Kontakt zum Pfleger. Ihr munteres Wesen kommt aber erst dann zur vollen Entfaltung, wenn man sie paarweise oder in einer kleinen Gruppe hält. Bei Gruppenhaltung muss jedoch eine Voliere vorhanden sein, damit die Vögel die Möglichkeit zum gegenseitigen Ausweichen haben.

Mit anderen Papageienarten, auch weitaus größeren, sollte man sie nicht vergesellschaften. Rosenköpfchen können sehr aggressiv werden und neigen dazu, anderen Arten in die Zehen zu beißen. Mit ihrem relativ großen Schnabel und ihrer großen Schnabelkraft können sie erhebliche Verletzungen verursachen.

Die intensive Haltungszucht führte zu Mutationserscheinungen. Heute gibt es neben der Wildform (grün) viele Farbvarianten, die von Lutino (gelb) über Blau-Zimt bis Hellblau und Albino (weiß) reichen. Leider verschwindet dadurch immer mehr die herrliche Wildform.

Pfirsichköpfchen
(Fischers Unzertrennlicher)
Agapornis fischeri

Verbreitung: N-Tansania.
Beschreibung: Größe etwa 15 cm.

Männchen und Weibchen grün; Stirn, Wangen, Kehle rötlich; restliches Kopfgefieder, Nacken, Brust, Oberbauch gelborange; Schwanzdecken blau; nackter Augenring weiß; Schnabel rot. Jungtiere haben etwas blassere Farben.

In Gruppen von oft über 100 Exemplaren streichen die Pfirsichköpfchen durch ihre Nahrungsgebiete. Ihr Lebensraum ist auf das trockene Hochland – 1100 bis 1700 m – von Nord-Tansania begrenzt, wo hauptsächlich Savannenvegetation vorherrscht.

Wie die hier beschriebenen Schwarzköpfchen *(Agapornis personatus)* und die Rosenköpfchen *(Agapornis roseicollis)* sind auch die Pfirsichköpfchen auffallende Vögel, da sie wie die beiden anderen Arten recht lautstark ihrer Nahrungssuche nachgehen. Es scheint aber, dass Zänkereien und Beißereien die Gemeinschaft eher festigen.

Sie brüten in Kolonien und nehmen oft die verlassenen Nester der Webervögel für sich in Beschlag. Nester fanden sich aber auch zwischen dürren Palmenwedeln, in Dachnischen von Hütten und natürlich in Ast- und Baumlöchern. Zur Ausstattung ihres Nestes tragen sie Hölzer, Rinden, Blätter, Grashalme, Haare und Federn ein. Die Brutzeit fällt auf den Mai.

Rosenköpfchen sind kleine, aber sehr kräftige Papageien, die nur mit Artgenossen vergesellschaftet werden sollten. Gleiches gilt auch für die anderen Arten aus der Gattung der Unzertrennlichen.

Das Pfirsichköpfchen gelangte recht spät in die Hände europäischer Vogelfreunde, sein abseits liegendes Verbreitungsareal mag wohl dazu beigetragen haben. Heute ist dieser Papagei in den Zuchtanlagen der Papageienhalter eine alltägliche Erscheinung. Die dort gezüchteten Jungvögel werden meistens an den Zoofachhandel abgegeben, so dass dort in der Regel immer Jungtiere erworben werden können. Selten kommt es noch zu Importen von Wildfängen.

Junge Fischers Unzertrennliche werden schnell zahm und sind in der Lage, einige Worte und Pfiffe zu erlernen, die

Dieses Pfirsichköpfchen ist eben von seinem Sitzplatz abgeflogen und setzt nun zu einem Steigflug an.

Wie die Pfirsichköpfchen so haben auch die Schwarzköpfchen einen großen weißen Augenring.

sie mit Mühe dann von sich geben. Die Lebenserwartung dieser kleinen Kobolde ist recht hoch. Ich weiß von einem Vogel, der das stolze Alter von 15 Jahren erreichte. Sein ständiger Aufenthalt in einer Freivoliere mit temperiertem Schutzraum mag wohl wesentlich das lange Leben begünstigt haben.

Pfirsichköpfchen sind verträglicher als Schwarzköpfchen und leichter in Gesellschaft von Artgenossen zu halten.

Schwarzköpfchen
Agapornis personatus

Verbreitung: NO-Tansania.
Beschreibung: Größe etwa 15 cm.

Männchen und Weibchen sind überwiegend grün gefärbt; Kopfgefieder braunschwarz; Nacken, Halsseiten, Brust und Oberbauch gelb; Oberschwanzdecken hellblau; nackter Augenring weiß; Schnabel rot.

Nachstehende Arten gehören der Gattung der Unzertrennlichen an:			
	gängiger Name	**wissenschaftlicher Name**	**Unterarten**
	Grauköpfchen	*Agapornis canus*	2
	Orangeköpfchen	*Agapornis pullarius*	2
	Bergpapagei	*Agapornis taranta*	?
	Grünköpfchen	*Agapornis swindernianus*	3
❄	Rosenköpfchen	*Agapornis roseicollis*	2
❄	Pfirsichköpfchen	*Agapornis fischeri*	
❄	Schwarzköpfchen	*Agapornis personatus*	
	Erdbeerköpfchen	*Agapornis lilianae*	
	Rußköpfchen	*Agapornis nigrigenis*	

❄ = im Buch vorgestellte Art.

Jungtiere sind blasser gefärbt.

Der Lebensraum des Schwarzköpfchens ist durch einen etwa 50 km breiten Waldsteifen vom Lebensraum des Pfirsichköpfchens *(Agapornis fischeri)* getrennt. Er dehnt sich über die zwischen 1000 und 1700 m hoch gelegene Masai-Steppe aus. Graslandschaften mit Akazienbestand sowie offener Wald mit Baobabs (Affenbrotbäumen) werden als Lebensraum bevorzugt. Die Lebensweise gleicht der des zuvor beschriebenen Pfirsichköpfchens. Auch das Brutverhalten ist identisch mit dem der Pfirsichköpfchen.

Das Schwarzköpfchen gelangte erst ab 1925 regelmäßig nach Mitteleuropa. Schon wenige Jahre später konnte es hier erfolgreich gezüchtet werden, so dass auch nach der strikten Einfuhrsperre die kleinen, agilen Papageien nicht aus den Käfigen und Volieren der Vogelfreunde verschwanden. Schwarzköpfchen sind ideale Papageien für einen geräumigen Flugkäfig, dort sollten sie paarweise oder in einer kleinen Gruppe gehalten werden.

Wie bei einigen anderen Arten aus der Gattung *Agapornis* kam es auch bei den Schwarzköpfchen zu Gefiedermutationen. Zuerst tauchten blaue Exemplare auf, später gesellten sich so genannte Gelbe und Weiße dazu. Es gibt ausführliche Fachliteratur über diese Mutationszuchten.

Graupapagei
Psittacus erithacus
(einzige Art der Gattung)

Verbreitung: Mittleres und westliches Afrika.
Beschreibung: Größe etwa 33 cm.

Grau in verschiedenen Tönungen; Schwanz scharlachrot; Schnabel schwarz; Iris gelblich.

Jungtiere haben eine dunkle Iris.

Der Graupapagei ist der einzige Ver-

Graupapageien sind die besten Nachahmer unter allen Papageienvögeln. Jedoch gibt es auch immer wieder unbegabte Individuen.

treter der Gattung *Psittacus* (Graupapageien). Neben der Nominatform werden noch 2 weitere Unterarten unterschieden. *Psittacus erithacus*, die Nominatform, besiedelt etwa 90 % des Lebensraumes. Die eine der beiden anderen Unterarten ist der so genannte Fernando Poo-Graupapagei, der auf den Inseln Fernando Poo und Principé im Golf von Guinea verbreitet ist. Er unterscheidet sich nur durch eine unwesentliche dunklere Grautönung von der Nominatform. Die weitere Unterart ist der in Sierra Leone, SO-Guinea, Liberia und an der W-Elfenbeinküste verbreitete Timneh-Graupapagei. Er ist wesentlich kleiner, die Grautönung des Gefieders ist sehr dunkel, die Schwanzfedern sind braun und der Oberschnabel ist hornfarben.

Graupapageien besiedeln Küsten- und Flusswälder und kommen bei ihren Nahrungsflügen auch in offene Landschaften. Gruppenweise, meistens 10 bis 20 Papageien, gehen sie gemeinsam auf Nahrungssuche. Haben sie einen guten Futterbaum gefunden, so verbringen sie auf diesem den ganzen Tag. Oft gesellen sich andere Fressgemeinschaften hinzu, so dass die Tagesgesellschaften auf über 100 Exemplare anwachsen können. Beim Streit um gute Sitzplätze und Futter entwickeln sie einen ohrenbetäubenden Lärm, der schon in größter Entfernung zu hören ist. In der Nähe ihrer Schlafplätze ist der Geräuschpegel noch größer und für das menschliche Ohr nahezu unerträglich. An den Schlafplätzen – in Mangroven-Bäumen auf Flussinseln oder auf sonstigen sicher stehenden Bäumen und Palmen – versammeln sich manchmal tausende dieser Papageien.

Das Brüten beginnt, je nach Verbreitungsgebiet, zwischen Januar und Juli und beansprucht bis zum Flüggewerden der Jungen einen Zeitraum von gut 4 Monaten.

Der Graupapagei gilt als bester Imitationskünstler. Keine andere Vogelart erreicht in der Nachahmung eine solche Perfektion. Nicht nur, dass Graupapageien in der Lage sind, lange Lieder nachzusingen, sie können sie sogar in verschiedenen Tonlagen vortragen. Sie können das Bellen von Hunden oder das Wiehern von Pferden so treffend nachahmen, dass man glaubt, diese Tiere vor sich zu haben. Vieles was sie wiedergeben, ist situationsgerecht, so zum Beispiel dann, wenn der Graupapagei, sobald sein „Herrchen" nach einem Trinkglas greift, ihm „Prost" zuruft, oder ihm zu Beginn jeder Mahlzeit einen „Guten Appetit" wünscht. Andere imitierten das Läuten des Telefons so perfekt, dass es nicht vom tatsächlichen Klingeln zu unterscheiden ist.

Es gibt unzählige Episoden über Graupapageien, eine netter als die andere, aber es wäre verfehlt, sich dadurch zur Anschaffung eines solchen Vogels animieren zu lassen. Tatsächlich sprechen die meisten Graupapageien nur wenige Worte, und viele von ihnen lernen überhaupt nichts. Die so genannten Sprechkünstler sind Ausnahmeerscheinungen, auch wenn sie beim Graupapagei viel häufiger als bei anderen Papageienarten vorkommen.

Eigentlich werden nur junge Graupapageien zahm. Ältere, aus Afrika stammende Tiere bleiben immer scheu, zumindest ist hier nichts anderes bekannt.

Manchmal dauert es 2–3 Jahre, bis die jungen Graupapageien zahm sind und mit dem Sprechen beginnen. Geduld ist das A und O in der Graupapageienhaltung.

Langflügelpapageien
Poicephalus spp.

Die 10 Arten der Gattung Langflügelpapageien kommen vor allem in Zentral-, S- und W-Afrika vor. Der Saharagürtel bildet die nördliche Grenze ihres Verbreitungsgebietes. Langflügelpapageien sind stämmige Papageien mit wuchtigen Köpfen und Schnäbeln. Ihr Schwanz ist kurz. Die angelegten Flügel reichen bis zum Schwanzende. Die Gesamtlänge der Arten reicht von etwa 22 cm bis 33 cm.

Nachstehende Arten gehören der Gattung der Langflügelpapageien an:

WA I	gängiger Name	wissenschaftlicher Name	Unterarten
●	Kappapagei	*Poicephalus robustus*	
	Graukopfpapagei	*Poicephalus fuscicollis*	2
	Kongopapagei	*Poicephalus gulielmi*	3
	Gelbkopfpapagei	*Poicephalus flavifrons*	2 (?)
✻	Mohrenkopfpapagei	*Poicephalus senegalus*	3
	Rotbauchpapagei	*Poicephalus rufiventris*	2
	Braunkopfpapagei	*Poicephalus cryptoxanthus*	2
	Goldbugpapagei	*Poicephalus meyeri*	6
	Rüppells Papagei	*Poicephalus rueppellii*	
	Niam-Niam Papagei	*Poicephalus crassus*	

● = in Anhang I des Washingtoner Artenschutzabkommens aufgenommene Art.
✻ = im Buch vorgestellte Art.

Diese beiden Mohrenkopfpapageien sind erwachsene Exemplare. Die gelborangefarbene Iris unterscheidet sie von den Tieren im Jugendstadium, die eine braune Iris haben.

Nur der Mohrenkopfpapagei wird ständig vom Fachtierhandel angeboten. Die anderen Arten sind bis auf den Meyers Papagei ganz selten im Handel.

Mohrenkopfpapagei
Poicephalus senegalus

Verbreitung: Zentral- und W-Afrika.
Beschreibung: Größe etwa 23 cm.

Männchen und Weibchen: Oberseite grün; Kopf schiefergrau; Kehle, Brust, Hals grün; Bauch gelb; Schenkel grün; Schnabel dunkelgrau; Iris gelb. Männchen haben oft einen größeren Kopf und Schnabel

Jungtiere Kopfgefieder mehr bräunlich; Iris braun.

Der Lebensraum des Mohrenkopfpapageis umfasst Strauch- und Baumsavannen und offene Waldlandschaften. Nahezu überall in seinem Verbreitungsgebiet ist er häufig anzutreffen. Meistens streift er in Gruppen von 10 bis 20 Exemplaren umher. Die schrillen, oft ausgelassenen Schreie erregen Aufmerksamkeit.

Allerdings sind die Papageien in der heißen Mittagszeit ganz ruhig. Sie ziehen sich dann einige Stunden in den hohen Kronen der Affenbrotbäume und Akazien zurück.

Der Großteil ihrer Nahrung besteht aus Wildfrüchten; jedoch fallen sie manchmal in landwirtschaftliche Anbaugebiete ein, um sich dort an Mais, Hirse, Erdnüssen u. a. gütlich zu tun.

Die Fortpflanzungsperiode beginnt bei den Mohrenkopfpapageien zum Ende der Regenzeit im September eines jedes Jahres.

Mohrenkopfpapageien werden ständig in größerer Anzahl angeboten. In vielen Teilen ihres Lebensraumes werden sie als Schädlinge verfolgt und oft in großen Mengen gefangen, um dann nach Europa oder Amerika versandt zu werden. So kommen überwiegend ältere, d. h. ausgefärbte Vögel in den Handel.

Es erfordert ein Höchstmaß an Geduld, wenn man einen Mohrenkopf-Wildfang zähmen möchte. Die Papageien sind oft so scheu, dass sie sofort in die hinterste Käfigecke flüchten, sobald sie einen Menschen sehen. Wie beim Strauß wird der Kopf abgesenkt und in die Ecke gestreckt. Aus Angst stoßen sie dann ihre lauten, schrillen Pfiffe aus. Junge Mohrenkopfpapageien verhalten sich ganz anders. Diese werden schnell zahm, lieben es außerordentlich, wenn sich der Pfleger mit ihnen beschäftigt und zeigen sogar etwas Talent im Erlernen von einigen Worten und Pfiffen.

Rotsteißpapageien
Pionus spp.

Die Rotsteißpapageien sind sehr nahe mit den Amazonenpapageien (*Amazona* spp.) verwandt, aber sehr viel ruhiger und sanfter. Alle Rotsteißpapageien sind sehr attraktive Vögel. Ihr primäres Erkennungsmal sind die roten Unterschwanzdecken, die ihnen auch den deutschen Gattungsnamen einbrachten. Die 7 Arten sind in Zentral- und Südamerika verbreitet und hauptsächlich in Urwälder und Waldrandebieten anzutreffen. Der zur Gruppe gehörende Rosenkopfpapagei steigt in den Anden bis in Höhen von über 3000 m auf.

Nachstehende Arten gehören der Gattung der Rotsteißpapageien an:

	gängiger Name	wissenschaftlicher Name	Unterarten
❊	Schwarzohrpapagei	*Pionus menstruus*	3
	Dunenkopfpapagei	*Pionus sordidus*	5
❊	Maximilians Papagei	*Pionus maximiliani*	4
	Rosenkopfpapagei	*Pionus tumultuosus*	2
	Weißkopfpapagei	*Pionus senilis*	?
	Glanzflügelpapagei	*Pionus chalcopterus*	2
	Veilchenpapagei	*Pionus fuscus*	

❊ = im Buch vorgestellte Art.

Schwarzohrpapagei
Pionus menstruus

Verbreitung: Guayana-Staaten, Trinidad, große Teile von Brasilien, N-Bolivien, Peru, Ekuador, Venezuela, Kolumbien, Panama, Costa Rica.
Beschreibung: Größe etwa 28 cm.

Männchen und Weibchen überwiegend grün; Kopf, Nacken, Kehle, Oberbrust blau; Ohrfleck schwarz; Unterschwanzdecken rot; Schnabel dunkelgrau, an den Seiten rötlich.

Jungtiere: das Kopfgefieder ist überwiegend grün, oft mit vereinzelten roten Federn durchsetzt; die Unterschwanzdecken sind gelbgrün mit roten Federn durchsetzt.

Oftmals konnte ich Schwarzohrpapageien in ihren Verbreitungsgebieten beobachten. Sie sind muntere, sehr bewegliche Papageien, die meistens in Gruppen von über 10 Exemplaren auftraten. Würden sie nicht unentwegt miteinander streiten und dabei ihre Schreie auslassen, so könnte man sie im Kronendach der Wälder kaum entdecken. Zur Brutzeit sondern sich die Paare ab und besetzen eigene Reviere. Die 3–4 Eier (der Beginn der Brutzeit va-

Der kurzschwänzige Schwarzohrpapagei ist über große Gebiete Zentral- und Südamerikas verbreitet. Auf den einzeln stehenden Übernachtungsbäumen versammeln sich oft über tausend Exemplare dieser Art.

riiert von Dezember bis April) werden 26 Tage lang vom Weibchen bebrütet. Bis zum Ausfliegen der Jungen vergehen weitere 60 Tage.

In der Vergangenheit habe ich öfters Schwarzohrpapageien halten können. Sie wurden, trotz paarweiser Haltung, sehr schnell zahm und nahmen mit der Hand gereichte Leckerbissen gerne an. Sobald aber fremde Personen die Räumlichkeiten betraten, wurden sie unruhig und ängstlich. Sie zogen sich dann in die hinterste Volierenecke zurück, plusterten sich auf und atmeten lautstark.

Als ich dieses Verhalten das erste Mal erlebte, glaubte ich zuerst, dass die Tiere krank wären. Jedoch erkannte ich bald, dass es sich um ein „Angstschnauben" handelte. Die anderen 6 Arten aus der Gattung zeigen dieses Verhalten gleichermaßen.

Ich weiß von einigen Schwarzohrpapageien, die sehr gut sprechen können und es dabei mit manch begabter Amazone aufnehmen.

Maximilians Papageien erreichen Amazonengröße. In ihrer Gefiederfärbung unterscheiden sie sich nicht allzusehr von Amazonen, jedoch weisen sie ihre roten Unterschwanzdecken als Mitglieder der Gattung Pionus aus.

Maximilians Papagei
Pionus maximiliani

Verbreitung: N-Argentinien, Paraguay, SO-Brasilien, S-Brasilien.
Beschreibung: Größe etwa 29 cm.

Männchen und Weibchen überwiegend grün gefärbt; Kopfgefieder blau gesäumt; Unterschwanzdecken rot; Schnabel dunkel hornfarben.

Jungtiere: Kopfgefieder grün mit einzelnen roten Federchen durchsetzt; rote Unterschwanzdecken mit grünen Federn durchsetzt.

Der Maximilians Papagei ist ein Bewohner der Wälder, Waldrandgebiete und Burutisais (Palmenhaine). In vielen Teilen seines großflächigen Verbreitungsgebietes ist er eine alltägliche Erscheinung. Wie seine verwandten Arten so streift er auch in Gruppen vereint umher, um Nahrungsgebiete zu erschließen und abzuernten. Wildfeigen und Palmfrüchte sind seine bevorzugte Nahrung und werden in unterschiedlichen Reifestadien gefressen.

Die Brutzeit beginnt im südlichsten Teil seines Verbreitungsgebietes im Oktober. Der Ablauf gestaltet sich wie bei den zuvor beschriebenen Schwarzohrpapageien *(Pionus menstruus)*.

Vor einigen Jahren wurden Maximilians Papageien in großen Mengen eingeführt und immer vom Zoohandel angeboten. Leider fanden sich nur wenige Interessenten für diese Tiere. Vielleicht ist die etwas düster wirkende Gefiederfärbung ein Grund für die Zurückhaltung der Käufer. Ich persönlich betrachte Maxis – so werden sie von Haltern genannt – als sehr empfehlenswerte Pfleglinge, die , wenn man sie jung erwirbt, außerordentlich zahm werden. Auch lassen sie ihre schrille Stimme nur selten ertönen.

Leider findet diese Art wenig Beachtung bei den Papageienzüchtern, und so sind bis heute nur wenige Haltungsbruten bekannt geworden.

Amazonen

Amazona spp.

Die Amazonen sind neben den Aras die typischsten und bekanntesten Papageien. Ihre Lebensgebiete erstrecken sich auf Zentral- und Südamerika sowie einige Inseln der Großen und Kleinen Antillen und die Bahamas.

Sie sind große, kräftige Papageien mit einem kurzen Schwanz. Die Gefiederfärbung ist überwiegend grün, aber jede Art hat farbige Kontrastfedern, die besonders zur Geltung kommen. Die Gattung ist außerordentlich groß und vereinigt 31 rezente Arten , die sich den unterschiedlichsten Biotopen in ihrem riesigen Verbreitungsraum angepasst haben. Viele der Arten leben in extrem kleinen Verbreitungsgebieten, hauptsächlich auf Inseln, und sind durch die Veränderung ihrer Lebensräume stark gefährdet.

Die Amazonenpapageien stellen mit 16 Arten das größte Kontingent unter dem im Anhang I des Washingtoner Artenschutzübereinkommen aufgeführten Tieren, den besonders bedrohten Arten.

Blaustirnamazone

(Rotbugamazone, Gelbbugamazone)
Amazona aestiva

Verbreitung: Südamerika, in Teilen von Brasilien, Bolivien, Paraguay und Argentinien.
Beschreibung: Größe etwa 37 cm.

Männchen und Weibchen hauptsächlich grün gefärbt; Stirn blau; Oberkopf, Ohr- und Augenregion, Kehle gelb; Flügelbug rot oder gelb; Schnabel schwarz; Iris orangefarben.

Jungtiere nur geringe Gelbzeichnung; Iris braun.

Die Blaustirnamazone zeigt eine sehr variantenreiche Färbung: so gibt es auch Exemplare ohne die gelbe Gesichtszeichnung.

Blaustirnamazonen sind in ihrem ausgedehnten Lebensraum auffällige Papageien, die bis an die Ränder der Besiedlungsgebiete vorkommen. Außerhalb der Brutzeit versammeln sich Blaustirnamazonen zu enorm großen Gruppen – Schwärme von über 1000 Exemplaren sind keine Seltenheit – und betreiben eine gemeinsame Nahrungssuche. Sie sind wie viele andere Arten aus der Gattung Teilstreckenzieher, d. h., dass ihr Vorhandensein wesentlich von dem zur Verfügung stehenden Nahrungsangebot abhängt. Da, wo sie in der Vergangenheit häufig angetroffen wurden, können sie jahrelang wegbleiben, erscheinen aber eines Tages wieder in großer Anzahl. Bei ihrem massenweisen Auftreten verursachen sie in Obstplantagen meist schwerwiegende Ernte-

Nachstehende Arten gehören der Gattung der Amazonen an:

WA I	gängiger Name	wissenschaftlicher Name	Unterarten
●	Kubaamazona	*Amazona leucocephala*	5
	Jamaikaamazone	*Amazona collaria*	
	Blaukronenamazone	*Amazona ventralis*	
	Weißstirnamazone	*Amazona albifrons*	3
	Goldzügelamazone	*Amazona xantholora*	
	Rotspiegelamazone	*Amazona agilis*	
●	Puerto Rico-Amazone	*Amazona vittata*	
●	Grünwangenamazone	*Amazona viridigenalis*	
●	Blaukappenamazone	*Amazona finschi*	2
	Gelbwangenamazone	*Amazona autumnalis*	3
	Diademamazone	*Amazona diadema*	
	Dufresnes Amazone	*Amazona dufresniana*	
●	Granadaamazone	*Amazona rhodocorytha*	
●	Rotschwanzamazone	*Amazona brasiliensis*	
	Blaubartamazone	*Amazona festiva*	2
●	Taubenhalsamazone	*Amazona vinacea*	
●	Prachtamazone	*Amazona pretrei*	
●	Tucumanamazone	*Amazona tucumana*	
●	Gelbschulteramazone	*Amazona barbadensis*	2 (?)
❇	Blaustirnamazone	*Amazona aestiva*	2
❇	Gelbscheitelamazone	*Amazona ochrocephala*	4
●	Gelbnackenamazone	*Amazona auropalliata*	3
●	Gelbkopfamazone	*Amazona oratrix*	4
❇	Venezuelaamazone	*Amazona amazonica*	2
	Soldatenamazone	*Amazona mercenaria*	2
	Kawalls Amazone	*Amazona kawalli*	
	Mülleramazone	*Amazona farinosa*	5
●	Blaumaskenamazone	*Amazona versicolor*	
●	Blaukopfamazone	*Amazona arausiaca*	
●	Königsamazone	*Amazona guildingii*	
●	Kaiseramazone	*Amazona imperialis*	

Die ehemalige Gelbbauchamazone heißt jetzt: Ribeiropapagei (*Alipiopsitta xanthops*)

● = in Anhang I des Washingtoner Artenschutzabkommens aufgenommene Art.
❇ = im Buch vorgestellte Art.

Blaustirnamazonen sind sehr variantenreich gefärbt. Besonders die Gesichtsmaske in Blau und Gelb ist meist unterschiedlich.

schäden. Die erbosten Landwirte stellen ihnen daher mit allen Mitteln nach. Den Hauptteil ihrer Nahrung bilden aber Wildfrüchte; so bevorzugen sie vor allem die Samen der Palmen sowie Feigen.

Der Beginn der Brutzeit fällt auf Oktober. Hoch gelegene Baum- oder Asthöhlen dienen als Nistplatz und werden vermutlich über Jahre hinweg immer wieder benutzt.

Die Blaustirnamazone gehört zu den bekanntesten und beliebtesten Papageienarten Schon kurze Zeit nachdem ihre Heimatgebiete entdeckt worden waren, gelangten sie an die spanischen und portugiesischen Adelshäuser und begannen von dort aus ihren Siegeszug durch Europa.

Das Talent, Worte, Pfiffe, Geräusche und Melodien nachzuahmen, ist bei der Blaustirnamazone besonders groß. Jedoch besitzt nicht jedes Tier diese Begabung. So gibt es viele Exemplare unter ihnen, die keinerlei Veranlagung zum Sprechen haben. Wichtig ist, dass man ein Jungtier erhält. Alte, wild gefangenen Exemplare eignen sich nicht zum Haustier, sie sind besser paarweise oder in einer kleinen Gruppe in der Voliere aufgehoben, da sie zu sehr an ihre Artgenossen gewöhnt sind und bei einer Abtrennung verkümmern.

Zwischenzeitlich gibt es bei uns in der Bundesrepublik eine ganze Anzahl von Züchtern, denen es regelmäßig gelingt, Zuchterfolge mit diesen Tieren zu erzielen.

Gelbscheitel-, Gelbkopf- und Gelbnackenamazone
Amazona ochrocephala, Amazona auropalliata, Amazona oratrix

Verbreitung der 3 Arten: Von Mexiko südwärts bis O-Peru und N-Brasilien einschließlich Trinidad.

Bis vor einigen Jahren wurden die 3 Arten Gelbstirn-, Gelbnacken- und Gelbkopfamazone als eine Art behandelt. Systematische sowie feldbiologische Untersuchungen erbrachten jedoch Beweise die dazu führten, die zentralamerikanischen Spezies als eigenständige Arten zu betrachten und namentlich neu zu bestimmen. Gleichzeitig stellten Biologen fest, dass in Zentralamerika isolierte Populationen weitere Unterarten bilden. Aufgrund der Ergebnisse wurde aus der ursprünglich neun Unterarten bildenden *Amazona ochrocephala* eine Gruppe mit drei Arten in insgesamt elf Unterarten.

Die Arten und Unterarten haben in unserem Sprachgebrauch viele Trivialnamen, z. B. für: Gelbscheitelamazone = Gelbstirn-, Surinam-, Marajo-, Natterer-, Panamaamazone.
Gelbnackenamazone = Rotbuggelbnacken-, Roatánamazone.
Gelbkopfamazone = Große Gelbkopf-, Doppel-Gelbkopf-, Kleine Gelbkopf-, Tres Maria-Gelbkopfamazone.

Beschreibung: Größe etwa 36 bis 40 cm.

Männchen und Weibchen überwiegend Grün; Unterseite heller. Stirn und Vorderkopf bei der Gelbscheitelamazone gelb, bei der Gelbnackenamazone gelber Nackenfleck und bei der Gelbkopfamazone gelber Kopf.

Bei den Jungtieren aller 3 Arten ist die Gelbausdehnung geringer, die Schnabelfarbe ist dunkler und die Iris ist bräunlich, gegen über einer Orangegelbfärbung der Altvögel.

Gelbscheitel-, Gelbnacken- und Gelbkopfamazonen sind in einigen Regionen ihres Verbreitungsgebietes die dominierende Papageienart. Trotzdem leiden die Populationen unter dem Landverbrauch. Speziell die mittelamerikanischen Arten

Diese dominante Gelbnacken ist in Angriffsstellung. Der abgesenkte Kopf, das gesträubte Kopfgefieder, die gefächerten Schwanzfedern sowie die sehr stark verengte Pupille sind hierfür ein deutliches Indiz.

werden immer mehr verdrängt und sind in vielen ihrer ehemaligen Verbreitungsgebiete nicht mehr anzutreffen.

Die Lebensweise der drei Spezies ähnelt der der anderen Arten, d. h., dass die Tiere die Geselligkeit lieben und außerhalb der Fortpflanzungsperiode in Gruppen und Schwärmen leben. Gegenüber den Menschen sind sie wenig scheu. Ich sah sie oft in den Parkanlagen einiger mittel- und südamerikanischer Städte. Der Beginn der Brutzeit verschiebt sich auf Grund des ausgedehnten Verbreitungsgebietes von Süd nach Nord auf die Monate Januar bis Mai. 2–4 Junge werden aufgezogen.

Die verschiedenen Unterarten der drei Arten gehören zu den beliebtesten Papageien. Man sagt ihnen die größte Sprechbegabung nach, was ich zweifelsfrei bestätigen kann. Außerdem wird die Zahmheit, die sie ihrem Pfleger gegenüber zeigen, besonders gelobt. Leider bringen diese Tiere ihre Zuneigung meistens nur einer Person entgegen, andere im Haushalt lebende Personen werden allenfalls noch in der Nähe geduldet.

Sobald jedoch fremde Personen erscheinen, werden die Vögel meist aggressiv; die ganz Unerschrockenen greifen sogar Menschen an. Beim Umgang mit diesen Papageien ist immer Vorsicht geboten.

Venezuelaamazone
(Amazonenpapagei, Orangeflügelamazone)
Amazona amazonica

Verbreitung: Trinidad und Tobago, Guayana-Staaten, Teile von Venezuela, Kolumbien, Ekuador, Peru, Bolivien und Brasilien.

Beschreibung: Größe etwa 32 cm.

Männchen und Weibchen: überwiegend grün; Vorderkopf, Wangen gelb; Schnabel dunkelhornfarben; Flügelspiegel rot; Iris orangefarben. Die Kopfgefiederfärbung ist sehr variantenreich. Jungtiere unterscheiden sich nur durch ihre braune Iris von den Altvögeln.

Die Venezuelaamazone – der deutsche Artenname ist unzutreffend, da der Vogel über große Teile Südamerikas verbreitet ist – ist in vielen Regionen ihrer Verbreitung ein alltäglicher Vogel. Ihr bevorzugter Lebensraum sind die Randgebiete der Wälder, die Küstenmangroven, die bewaldeten Flusslandschaften sowie die offenen Feuchtwälder. In Guayana sowie auf Trinidad und Tobago konnte ich diese lautstarke Amazone öfters beobachten. Ich erinnere mich, wie ich in meiner Unterkunft auf Trinidad regelmäßig in den frühen Morgenstunden durch außerordentlich laute Amazonenschreie geweckt wurde; ein Pärchen mit flüggen Jungen hatte in unmittelbarer Nähe sein Revier.

Sobald die Brutsaison – sie fällt in die Monate Februar bis Juni – abgeschlossen ist, versammeln sich die Venezuelaamazonen zu Schwärmen. Sie bilden mit anderen Amazonen Fressgemeinschaften, die oft aus hundert Individuen bestehen können. In den Nachmittagsstunden fliegen die Amazonen zu ihren Übernachtungsplätzen zurück und treffen hier auf andere Gruppen, die sich tagsüber zusammengeschlossen haben. An solch exponierten Plätzen kommen dann oft tausende von Tieren zusammen, um gemeinsam die Nacht zu verbringen. Der Streit um die besten Übernachtungsplätze wird oft erbittert ge-

Amazonen kommen nur ungern auf den Boden herab. Diese Venezuela- oder Orangeflügelamazone scheint sich aber im Rasen wohlzufühlen.

führt; der dabei erzeugte Lärm ist für das menschliche Gehör fast unerträglich.

Dieser Amazonenpapagei ist seit jeher ein beliebter Hausgenosse und wird auf Grund seines zahlreichen Vorkommens auch heute noch regelmäßig bei uns eingeführt. In der Regel sind es Jungtiere, die von der einheimischen Bevölkerung kurz vor dem Flüggewerden aus dem Nest genommen, aufgezogen und dann verkauft werden.

Die Venezuelaamazone wird schnell zahm und hat eine gute Nachahmungsgabe. Allerdings sind die von ihr wiedergegebenen Worte weniger deutlich zu verstehen als bei der Blaustirn- und Gelbscheitelamazone.

In der Vergangenheit kam es zu vereinzelten Zuchterfolgen. Ein von mir 1976 auf Trinidad erworbenes Paar brütete 1978 erfolgreich, versorgte aber nur 5 Wochen lang den Nestling, so musste ich das Tier von Hand aufziehen, und es wurde dadurch besonders zahm.

Sperlingspapageien
Forpus spp.

Die Gattung der Sperlingspapageien, die eine Größe von 12–15 cm erreichen, umfasst 7 Arten. Diese Papageienzwerge gehören mit zu den kleinsten Arten der Ordnung Papageien. Die Gefiederfärbung ist überwiegend grün mit wenigen blauen Abzeichen. Die angelegten Flügel reichen mit ihren Spitzen bis zum Schwanzende.

Ihr Lebensraum erstreckt sich auf große Gebiete des nördlichen Südamerikas. Eine Art ist im Westen Mexikos verbreitet. Häufig im Handel ist der in Peru beheimatete Blaugenick-Sperlingspapagei. Diese Art wird hier auch näher vorgestellt.

Blaugenicksperlingspapagei
Forpus coelestis

Verbreitung: W-Ekuador, NW-Peru.
Beschreibung: Größe etwa 12 cm.

Männchen überwiegend grün; Kopfgefieder mehr gelbgrün; Nacken graugrün; blauer Federstreif vom Auge zum Nacken; Unterrücken, Oberschwanzdecken und Unterflügeldecken blau; Schnabel hornfarben.

Weibchen ohne blaue Federzeichen.

Jungtiere wie Altvögel, nur blasser gefärbt.

Der Blaugenicksperlingspapagei ist ein Vertreter des trockenen Buschlandes der Pazifikküste. In kleinen bis großen Gruppen geht er der Nahrungssuche nach. Wildkrautsamen und Beeren liefern den Großteil der Nahrung.

Zum Ruhen halten sich die kleinen Papageien im Buschwerk, meistens in Bodennähe, versteckt. Das Brüten beginnt direkt nach dem Ende der Regenzeit, so dass zum Zeitpunkt der Jungenaufzucht ein optimales Nahrungsangebot herrscht. Sperlingspapageien sind sehr fruchtbar, wobei bei einer Brut bis zu 6 Junge aufgezogen werden. Bei günstigem Nahrungsangebot wird sofort nach Beendigung der ersten Brut eine zweite begonnen. Die Nestlingszeit ist mit 28 Tagen für Papageienarten recht kurz, darum ist auch eine zweite Brut möglich.

Die kleinen Sperlingspapageien sind sehr beliebte Käfigvögel. Züchtern gelingen gute Bruterfolge mit diesen Zwergen, und so werden immer wieder Nachzuchttiere angeboten. Wildfänge sind etwas empfindlich gegen unser Klima, da sie aus trocken-heißen Regionen kommen und einer längeren Eingewöhnung bedürfen. Sperlingspapageien soll-

Nachstehende Arten gehören der Gattung der Sperlingspapageien an:

	gängiger Name	wissenschaftlicher Name	Unterarten
	Mexikanischer Sperlingspapagei	*Forpus cyanopygius*	3
	Grüner Sperlingspapagei	*Forpus passerinus*	5
	Dickschnabelsperlingspapagei	*Forpus crassirostris*	6
	Augenringsperlingspapagei	*Forpus conspicillatus*	3
	Sclaters Sperlingspapagei	*Forpus sclateri*	2
❄	Blaugenicksperlingspapagei	*Forpus coelestis*	
	Gelbgesichtsperlingspapagei	*Forpus xanthops*	

❄ = im Buch vorgestellte Art.

Sperlingspapageien sind die kleinsten neotropischen Papageien. Bei diesem Pärchen ist der Farbunterschied zwischen Männchen und Weibchen (rechts) gut zu erkennen.

ten paarweise oder in der Gruppe gehalten werden, denn erst dann präsentieren sie ihre typischen Verhaltensweisen.

Bei der Fütterung sollte man ihre Größe und geringe Schnabelkraft berücksichtigen und kleine Sämereien und Beeren anbieten; Wellensittichfutter ist für sie z. B. ein ideales Grundfutter.

Schmalschnabelsittiche

Brotogeris spp.

Schmalschnabelsittiche sind kleine, kurzschwänzige Sittiche von überwiegend grüner Gefiederfärbung. Ihr Schnabel ist im Verhältnis zu seiner Höhe außerordentlich schmal. Dieser Umstand trug der Gruppe auch den deutschen Gattungsnamen ein. Ihr wissenschaftlicher Name (*Brotogeris* = mit menschlicher Stimme) gibt einen Hinweis auf ihre Lautgebung. Dabei wird aber eher auf ihr Talent zum Sprechen lernen als auf die Lautstärke ihrer Stimme hingewiesen, die außerordentlich kräftig und schrill ist.

Der Lebensraum der Schmalschnabelsittiche erstreckt sich auf große Gebiete Südamerikas und dehnt sich bei einer Art sogar nach SW-Mexiko aus.

Früher wurde ein Großteil der Arten regelmäßig vom Zoohandel angeboten. Heute gelangen sie nur noch ganz selten in den Handel. Aus diesem Grund wird auch nur der Feuerflügelsittich näher vorgestellt.

Nachstehende Arten gehören der Gattung der Schmalschnabelsittiche an:

	gängiger Name	wissenschaftlicher Name	Unterarten
	Tirikasittich	*Brotogeris tirica*	
	Weißflügelsittich	*Brotogeris versicolorus*	3
*	Feuerflügelsittich	*Brotogeris pyrrhopterus*	
	Tovisittich	*Brotogeris jugularis*	2
	Blauflügelsittich	*Brotogeris cyanoptera*	3
	Braunkinnsittich	*Brotogeris chrysopterus*	4
	Tuisittich	*Brotogeris sanctithomae*	2

* = im Buch vorgestellte Art.

Feuerflügelsittich
Brotogeris pyrrhopterus

Verbreitung: W-Ekuador und NW-Peru.
Beschreibung: Größe etwa 20 cm.

Männchen und Weibchen überwiegend grün gefärbt, Unterseite etwas heller; Vorderkopf und Wangenregion grau; Oberkopf blau; Unterflügeldecken orangerot; Schnabel hell hornfarben; Iris braun.

Jungtiere gleichen den Altvögeln, haben aber einen grünblauen Oberkopf.

Trockenes Buschland der tropischen Zone an den pazifischen Westandenhängen ist der Lebensraum des Feuerflügelsittichs. Als Vogel offener Landschaften lebt er in Schwärmen mit seinen Artgenossen zusammen. Obwohl die kleinen grünen Zwerge sehr häufig sein sollen, wurde bislang nur wenig über sie bekannt. Hinweise auf ihre Brutaktivitäten fehlen noch vollständig.

Früher wurde der Feuerflügelsittich sehr selten eingeführt, dagegen waren der Kanarienflügelsittich (eine Unterart des Weißflügelsittichs) und der Tirikasittich ständig im Handel zu erhalten. Beide Arten, besonders der Tirikasittich, wurden im Laufe der Zeit zu Raritäten und sind heute nur noch ganz selten in den Volieren der Papageienzüchter zu finden.

Früher kam es sporadisch zu großen Importen von Feuerflügelsittichen. Es handelte sich in der Regel um Tiere, die

Dieser Feuerflügelsittich wurde kurze Zeit nach seinem Baden aufgenommen. Das Bauchgefieder sowie die Stirnfedern sind noch etwas nass.

mit Schlagnetzen schwarmweise gefangen wurden. Das Gros der Sittiche, derer man so habhaft geworden war, blieb dann nach der langen Transport- und Quarantänezeit bei der Haltung in Käfig oder Voliere ängstlich und schreckhaft. Solche Verhaltenseigenschaften kennzeichnet auch viele andere Papageienarten, die in savannenartigen Lebensgebieten vorkommen. Junge, in Zuchtanlagen aufgezogene Feuerflügelsittiche werden dagegen sehr zahm. Sie schließen sich besonders eng an ihren Pfleger an. Feuerflügelsittiche kann man auch mit anderen Vogel- oder Papageienarten vergesellschaften.

Mönchsittich

Myiopsitta monachus
(einzige Art der Gattung)

Verbreitung: Südöstliches Südamerika vom mittleren Bolivien und SW-Brasilien südwärts bis Zentral-Argentinien.
Beschreibung: Größe etwa 30 cm.

Männchen und Weibchen auf der Oberseite grün; Unterseite sowie Vorderkopf und Wangen grau; Schnabel hell hornfarben; Iris braun.

Jungtiere gleichen den Altvögeln, haben aber einige grüne Federn im Vorderkopfbereich.

Der Mönchsittich ist der einzige Vertreter seiner Gattung. Er ist ein kräftiger Vogel mit einem langen Schwanz; sein Schnabel ist besonders stabil. Auf Grund seiner grauen Gefiederfärbung und seiner Lebensweise in Gruppen erhielt er seinen deutschen Namen. Auch der wissenschaftliche Name (*monachus*) sowie sein englischer Name (Monk Parakeet) verwendet diesen Vergleich.

Mönchsittiche leben ständig in sozialen Großverbänden. Eine unter Papageien einmalige Eigenart zeichnet sie besonders aus. Sie bauen aus Ästen und Reisig in den Kronen der Bäume und Palmen riesige Gemeinschaftsnester, wobei jedes Paar in dem kugelförmigen Gebilde seinen eigenen Nestkobel mit Eingangsröhre und Schlaf- bzw. Brutkammer anlegt. Da das Gemeinschaftsnest von allen Benützern ständig erweitert wird, nimmt es im Laufe der Zeit gewaltige Ausmaße an. Manchmal brechen die Bäume unter dieser Last zusammen.

Mönchsittiche sind die am häufigsten vorkommende Papageienart im Südlichen Südamerika. Sie sind sehr anpassungsfähig und nutzen alle Biotopformen in ihrem Verbreitungsgebiet. Vor allem auf Farmen trifft man sie regelmäßig an und findet sie auf den dort angepflanzten Eukalyptusbäumen, die sie zum Nestbau benutzen und deren Früchte sie fressen. Mönchsittiche sind Futtergeneralisten, sie fressen alles; dies gilt für die Früchte der Bäume ebenso wie für die Beeren der Sträucher oder die Samen der am Boden wachsenden Wildkräuter. Man hat Mönchsittiche dabei beobachtet, wie sie mit ihrem Schnabel im Boden gruben und Erdnüsse und Süßkartoffeln freilegten. In Getreidekulturen und Obstplantagen verursachen sie oftmals erhebliche Ernteschäden. Daher zünden die Landwirte oft die großen Reisignester der Mönchsittiche an.

Zeitweise wurden aus südamerikanischen Exporten besonders viele Mönchsittiche angeboten, wobei es sich überwiegend um Jungvögel handelte. Sie werden auf eine recht einfache Weise

Die im südlichen Südamerika verbreiteten Mönchsittiche bauen gemeinschaftlich ein großes Reisignest, in dem jedes Paar seine eigene seperate Eingangs- und Brutröhre anlegt.

gefangen. Die Bäume mit den Nestern werden kurz vor dem Flüggewerden der Jungen gefällt und die Jungtiere aus dem Nest genommen.

Ich glaube, dass Mönchsittiche im Verhältnis zu ihrer Körpergröße die lauteste Stimme aller Papageien haben. Einzeln gehaltene Mönchsittiche hören aber bald zu Schreien auf und melden sich nur noch selten zu Wort. Sie werden sehr zahm und lieben es, wenn man ständig in ihrer unmittelbaren Nähe ist.

In Europa wurden Mönchsittiche schon öfters im Freiflug gehalten. Sie bauen auch hier, wie in ihrer südamerikanischen Heimat, Reisignester und benutzen diese zum Schlafen und Brüten sowie zum Aufziehen ihrer Jungen. Selbst bei unseren klimatischen Bedingungen macht ihnen im Winter der Aufenthalt im Freien nichts aus.

In Deutschland gibt es einige Züchter, die gelbe und blaue Mutationsformen besitzen.

Rotschwanzsittiche
Pyrrhura spp.

Rotschwanzsittiche sind kleine, zierlich schlanke, langschwänzige, grün gefärbte Papageien, die eine Gesamtlänge von 22–26 cm erreichen.

Eine Form aus dieser Artengruppe wird 30 cm groß. Das typische Erkennungsmerkmal der Arten dieser Gattung ist der auf der Unterseite rotbraun gefärbte Schwanz.

Ihre Verbreitung begrenzt sich auf das südliche Mittelamerika und Teile Südamerikas.

Noch vor wenigen Jahren war ein Großteil der Arten in den Volieren der Papageienhalter vertreten, da regelmäßige Einfuhren dies ermöglichten. Heute werden nur noch wenige Arten aus der artenreichen Gattung importiert. Der am häufigsten eingeführte Rotschwanzsittich ist der Braunohrsittich, der gelegentlich vom Zoohandel angeboten wird. Die anderen Arten sind selten und sollten daher nur von Interessenten erworben werden, die den Tieren bei optimaler Unterbringung auch eine Fortpflanzung ermöglichen.

Braunohrsittich
Pyrrhura frontalis

Verbreitung: SO-Brasilien, S-Paraguay, NO-Argentinien und Uruguay.
Beschreibung: Größe etwa 26 cm.

Männchen und Weibchen überwiegend grün gefärbt; Ohrfleck, Hals und Brust braun; Bauchfleck braunrot; Schnabel schwarz; nackter Augenring weiß.

Jungtiere gleichen den Altvögeln, haben aber eine mattere Färbung; der rotbraune Bauchfleck ist nur angedeutet.

In großen Gemeinschaften ziehen die Braunohrsittiche auf der Nahrungssuche durch ihr Verbreitungsgebiet. Sie scheinen, im Gegensatz zu anderen Papageienarten dieser Region, noch relativ häufig zu sein und weniger unter den menschlichen Eingriffen in den Naturhaushalt zu leiden. Sie ziehen sogar Nutzen aus den damit verbundenen Veränderungen, denn durch den Anbau von Feldfrüchten sind ihnen neue Nahrungs-

Nachstehende Arten gehören der Gattung der Rotschwanzsittiche an:

WA I	gängiger Name	wissenschaftlicher Name	Unterarten
●	Blaulatzsittich	*Pyrrhura cruentata*	
✻	Braunohrsittich	*Pyrrhura frontalis*	3
	Rotbauchsittich	*Pyrrhura perlata*	
	Blausteißsittich	*Pyrrhura lepida*	3
	Grünwangenrotschwanzsittich	*Pyrrhura molinae*	5
	Blaustirnrotschwanzsittich	*Pyrrhura picta*	8
	Weißohrsittich	*Pyrrhura leucotis*	5
	Santa Marta-Rotschwanzsittich	*Pyrrhura viridicata*	
	Demerarasittich	*Pyrrhura egregia*	
	Schwarzschwanzsittich	*Pyrrhura melanura*	5
	El Oro-Rotschwanzsittich	*Pyrrhura orcesi*	
	Steinsittich	*Pyrrhura rupicola*	2
	Weißbrustsittich	*Pyrrhura albipectus*	
	Prachtflügelsittich	*Pyrrhura calliptera*	
	Blutohrrotschwanzsittich	*Pyrrhura hoematotis*	2
	Rotkopfsittich	*Pyrrhura rhodocephala*	
	Hoffmanns Rotschwanzsittich	*Pyrrhura hoffmanni*	2

● = in Anhang I des Washingtoner Artenschutzabkommens aufgenommene Art.
✻ = im Buch vorgestellte Art.

quellen erschlossen worden. Sehr ungern sieht man sie in Obstplantagen, da sie von Birnen, Äpfeln und Zitrusfrüchten nur die Kerne fressen und deshalb die Früchte aufreißen. Da sie in großen Trupps einfallen, sind die Ernteschäden, die sie verursachen, oft beträchtlich.

Das Brüten beginnt im November/Dezember eines jeden Jahres. Die 4 oder 5 Eier werden vom Weibchen in der Höhle eines Astes oder Stammes abgelegt und 22–23 Tage lang bebrütet. Der Aufzucht der Jungtiere widmen sich beide Elternteile. Nach einer Nestlingszeit von etwa 7 Wochen verlassen die Jungen das Nest.

Braunohrsittiche sind für eine Zimmerhaltung sehr angenehme Pfleglinge. Ihre Stimme ist zwar für ihre Größe immer noch recht lautstark, erreicht aber lange nicht das Stimmvolumen der Keilschwanzsittiche i. e. S. (*Aratinga* spp.).

Rotschwanzsittiche werden schnell zahm, besonders die Braunohrsittiche

Braunohrsittiche sind bei Züchtern sehr beliebt, zumal sie als „Südamerikaner" eine Stimme in noch erträglicher Lautstärke haben.

lieben die Anwesenheit ihres Pflegers, und nutzen jede Gelegenheit, um auf ihm herumzuturnen. Mit einiger Mühe lernen sie sogar die Nachahmung einiger Worte und Pfiffe.

Nandaysittich
Schwarzkopfsittich
Nandayus nenday
(einzige Art der Gattung)

Verbreitung: Südliches Südamerika in S-Brasilien, S-Bolivien, Paraguay und NO-Argentinien.

Beschreibung: Größe etwa 30 cm.

Männchen und Weibchen überwiegend grün gefärbt; Vorderkopf schwärzlich; Brust und Oberbauch bläulich; Schenkel rotorange; Schnabel schwarz; Iris braun.

Jungtiere gleichen wesentlich den Altvögeln, haben aber eine geringere Blaufärbung.

Der Nandaysittich ist ein Vogel, der in allen Teilen seines Fluggebietes häufig anzutreffen ist. Palmenwälder und Galeriewälder entlang der Flussläufe sind sein Lebensraum. In Gruppen von 10–20 Papageien zieht er umher, um seine Nahrungsquellen abzuernten. Manchmal befindet er sich in Gesellschaft anderer Papageienarten.

Er ist der einzige Vertreter der Gattung (monotypische Gattung). Von seinen nächsten Verwandten, den Arten aus der Gattung der Keilschwanzsittiche i.e.S. unterscheidet er sich nur unwesentlich. In seinem Verhalten zeigt er mit diesen sogar Übereinstimmung.

Obwohl der Nandaysittich öfters beschrieben wird, gibt es nur wenige Berichte über seine natürlichen Lebensgewohnheiten. Noch weniger ist über seine Bruteigenheiten bekannt.

Ein Bericht hierüber sagt aus, dass Nandaysittiche keine großen Ansprüche an die Beschaffenheit ihres Nestes stellen und jegliche Baumhöhlen zum Brüten annehmen; selbst in einem angefaulten Weidenzaun hatten sie ein Nest errichtet.

Nandaysittiche werden häufiger eingeführt als einige Vertreter aus der Gattung *Aratinga* (Keilschwanzsittiche i.e.S.), sind aber auf Grund ihres ohrenbetäubenden Geschreis nicht sehr beliebt. Ich habe mehrmals diese Art ge-

Der Nandysittich ist der einzige Vertreter der monotypischen Gattung Nandayus.

halten und musste immer wieder die Erfahrung machen, dass sie mit zu den lautesten und ruffreudigsten Papageien gehören. Sicherlich mag es auch unter den Nandaysittichen ruhigere Exemplare geben, doch sind dies wohl die rühmlichen Ausnahmen.

Keilschwanzsittiche i. e. S.
Aratinga spp.

Die Keilschwanzsittiche im engeren Sinne, die sehr eng mit den Arten der Gattung *Ara* verwandt sind, zeichnen sich durch ihren stufenförmigen Schwanz aus. Ihr Schnabel ist relativ groß. Bei den meisten Arten überwiegt die grüne Gefiederfärbung. Die Größe variiert von 24 bis 38 Zentimeter. Die Verbreitung erstreckt sich auf große Teile Zentral- und Südamerikas, sowie auf einige karibische Inseln.

Der Status einiger dieser Gruppe angehörigen Arten ist sehr umstritten, man sieht in ihnen Angehörige anderer Gattungen. Nach den neuen Regeln der Nomenklatur beinhaltet die Gattung der Keilschwanzsittiche 18 Arten.

Blaukopfsittich
Aratinga acuticaudata

Verbreitung: In großen Gebieten Südamerikas, von Venezuela südwärts bis N-Argentinien und Uruguay.
Beschreibung: Größe etwa 37 cm.

Männchen und Weibchen überwiegend grün gefärbt, Unterseite etwas heller; Kopfgefieder blau; Schwanzunterseite rostfarben; Schnabel hornfarben; Iris gelb.

Jungtiere haben nur einen blauen Vorderkopf; Iris braun.

Der Blaukopfsittich ist in vielen Teilen seines Verbreitungsareals eine dominierende Papageienart. Außerhalb der Brutzeit sammeln sich Gruppen, die aus tausenden Exemplaren bestehen und gemeinsam ihre Nahrung suchen. Der von einer solchen Papageienansammlung erzeugte Lärm ist unerträglich.

Blaukopfsittiche bevorzugen offene Landschaften und Waldränder. Nach Beendigung der Brutzeit ziehen die Schwärme großflächig umher, um in Bäumen und Palmen nach Nahrung zu suchen.

Durch die extreme Ausdehnung des Verbreitungsgebietes, es erstreckt sich von Nord nach Süd über 5000 Kilometer, variiert der Beginn der Brutzeit. Im süd-

In vielen Gebieten des nördlichen Südamerikas ist der Blaukopfsittich die dominierende Papageienart. Durch sein massenhaftes Auftreten kann er in landwirtschaftlichen Anbaugebieten erhebliche Ernteschäden anrichten.

lichste Teil der Verbreitung fangen die Papageien im November, im Norden erst im April/Mai mit dem Brüten an. Die Jungen brauchen 8 Wochen bis zum Flüggewerden.

Zeitweise werden Blaukopfsittiche in großer Anzahl eingeführt und dann zu günstigen Preisen vom Zoohandel angeboten. Es handelt sich hier um Vögel jeglichen Alters; meistens überwiegen die ausgefärbten Altvögel. Diese großen Vögel zählen zu den intelligentesten Keilschwanzsittichen.

Wie bei nahezu allen älteren Papageien ist ihre Eingewöhnung und Zähmung mit großen Schwierigkeiten verbunden, so dass diese Tiere aus Angst oft schrill und laut schreien. Junge Sittiche dagegen werden sehr schnell zahm und lernen bald einige Worte zu sprechen. Diese zahmen Blaukopfsittiche sind lange nicht so ruffreudig wie die alten Wildfänge.

Bislang gelangen den Züchtern nur wenige Zuchterfolge mit dieser Art. Da die eingeführten Tiere sehr billig sind, scheint eine Zucht nicht „lohnenswert" zu sein.

Rotmaskensittich
Aratinga mitrata

Verbreitung: SO-Peru, mittleres Bolivien und NW-Argentinien.
Beschreibung: Größe etwa 32 cm.

Männchen und Weibchen grün gefärbt; Stirn, Wangen und Augenregion dunkelrot; vereinzelt rote Federn im Nacken, auf der Brust und am Bauch; Schnabel hornfarben; nackter Augenring weiß; Iris gelb. Jungtiere gleichen den Altvögeln, haben aber eine geringere Rotzeichnung und eine braune Iris.

In Höhen von 1000–2500 m, zeitweise bis 3400 m, besiedelt der Rotmaskensittich offene Landschaften. In Schwärmen von oft über 1000 Exemplaren zieht er außerhalb seiner Brutzeit als Strichvogel umher. Rotmaskensittiche sind sehr ruffreudige Tiere, und so kann ein tausendköpfiger Schwarm einen enormen Lärm erzeugen.

Nachstehende Arten gehören der Gattung der Rotsteißpapageien an:			
	gängiger Name	**wissenschaftlicher Name**	**Unterarten**
*	Blaukopfsittich	*Aratinga acuticaudata*	5
	Socorrosittich	*Aratinga brevipes*	
	Rotkopfsittich	*Aratinga wagleri*	4
*	Rotmaskensittich	*Aratinga mitrata*	2
	Guayaquilsittich	*Aratinga erythrogenys*	
	Finschs Sittich	*Aratinga finschi*	
*	Pavuasittich	*Aratinga leucophthalmus*	2
	Kubasittich	*Aratinga euops*	
	Haitisittich	*Aratinga chloroptera*	
	Sonnensittich	*Aratinga solstistialis*	2
	Jendayasittich	*Aratinga jandaya*	
	Goldkappensittich	*Aratinga auricapilla*	2
	Braunkopfsittich	*Aratinga weddellii*	
	Aztekensittich	*Aratinga nana*	3
	Elfenbeinsittich	*Aratinga canicularis*	
	Goldstirnsittich	*Aratinga aurea*	2
	Braunwangensittich	*Aratinga pertinax*	14
	Kaktussittich	*Aratinga cactorum*	2

Wenig wurde bislang über die Brutgewohnheiten bekannt. Man weiß nur, dass die Brutzeit etwa im Dezember beginnt.

Erst vor wenigen Jahren gelangten Rotmaskensittiche sporadisch in den Tierhandel. Sie werden oft mit einigen sehr eng verwandten Arten verwechselt. So ist der Rotkopfsittich *(Aratinga wagleri)*, der Guayaquilsittich *(Aratinga erythrogenys)* und Finschs Sittich *(Aratinga finschi)* im Aussehen und auch Verhalten dem Rotmaskensittich sehr ähnlich. (Spezialliteratur informiert über die Unterscheidungsmerkmale.)

Ich habe mehrmals Rotmaskensittiche gehalten. Es waren immer kleine Gruppen zwischen 4 und 10 Tieren. Ihre anfängliche Scheu haben sie schnell abgelegt, und es dauerte auch gar nicht lange, bis sie Leckerbissen von der Hand nahmen. Ihr anfängliches Geschrei reduzierte sich im Laufe der Zeit auf ein erträgliches Minimum, und so kam es nur noch zu zwei täglichen Rufintervallen, einmal morgens und einmal abends. Ei-

Dieses „Familienfoto" zeigt Vater und Sohn Rotmaskensittich. Das Jungtier hat einen etwas zu dunkleren Schnabel und nur vereinzelt rote Federn an Kopf, Nacken und Kehle. Die Zehen dagegen sind wesentlich dunkler gefärbt als bei dem erwachsenen Tier.

ner der Rotmaskensittiche wurde von einem Nachbarn erworben. Dieses Tier wurde außerordentlich zahm und lernte, ganze Sätze nachzuahmen. Auf den Schultern seines Besitzers wurde es in den Garten geführt und durfte dann in den Zweigen eines Apfelbaums klettern. Erst von wenigen Jahren gelang die Welterstzucht mit dieser Art.

Pavuasittich
Aratinga leucophthalmus

Verbreitung: Große Gebiete in Südamerika, von O-Venezuela und SO-Kolumbien südwärts bis N-Argentinien und Uruguay.
Beschreibung: Größe etwa 32 cm.

Männchen und Weibchen grün; vereinzelt rote Federn am Kopf; äußere Unterflügeldecken rot; untere Handdecken gelb; Schnabel hornfarben; nackter Augenring weiß; Iris gelb.

Jungtiere gleichen den Altvögeln, die Farbkennzeichnung auf der Flügelunterseite ist nur wenig ausgeprägt; die Iris ist braun.

An den Stadträndern von Georgetown und New Amsterdam in Guayana sah ich in den großen Schwärmen der Hahns Zwergaras *(Diopsittaca nobilis)* Pavuasittiche mitfliegen. Nur durch minimale Unterschiede ließen sie sich im Fluge unterscheiden. Allerdings gelang mir dies nur, da ich von den Tieren nicht zu weit entfernt war.

Pavuasittiche sind, wenn sie einen Schwarm bilden, sehr laut. Sie schreien nicht nur während des Fluges ohne Unterlass, auch wenn sie an ihren Nahrungsplätzen um die besten Sitzplätze streiten, stoßen sie schrille Schreie aus. Nur während der Mittagsruhe tritt eine allgemeine Stille ein.

Der Lebensraum der Pavuasittiche ist vielgestaltig. So trifft man die Vögel in geschlossenen Wäldern, Galeriewäldern, Baumsavannen und landwirtschaftlichen Anbaugebieten gleichermaßen an.

Pavuasittiche sehen auf den ersten Blick wie junge Rotmaskensittiche aus. Ihre roten Unterflügeldecken sind aber ein sicheres Artenmerkmal.

In vielen Teilen ihres Verbreitungsgebietes treten die Pavuasittiche als landwirtschaftliche Schädlinge auf. Deshalb stellt ihnen die Landbevölkerung besonders nach. Vor Jahren wurden Pavuasittiche noch in Massen abgeschossen, heute werden sie mit Netzen gefangen und verkauft.

So kommt es öfters zur Einfuhr dieser Papageien.

Pavuasittiche unterscheiden sich in ihrem Verhalten überhaupt nicht von den zuvor beschriebenen Rotmaskensittichen *(Aratinga mitrata)*.

Leider schenken Papageienzüchter auch dieser Art so gut wie keine Aufmerksamkeit, so dass der Pavuasittich, sobald einmal die Südamerikaimporte versiegen, bald aus den Käfigen und Volieren verschwunden sein wird. Ganz ähnlich verhält es sich leider auch mit den anderen Arten aus dieser Gattung.

Aras

Anodorhynchus, *Cyanopsitta*, *Ara*, *Prophyrrhura*, *Orthopsittaca* und *Diopsittaca* spp.

Einige Arten aus den Gattungen der Aras zählen zu den größten Papageien. Der größte von ihnen ist der dunkelblaue Hyazinthara, der bis zu 100 cm groß wird. Er ist im brasilianischen Mato Grosso verbreitet. Seine einheitlich kobaltblaue Färbung unterscheidet ihn deutlich von den bunten Arten aus der Gattung der eigentlichen Aras, die mit dem über 90 cm groß werdenden Grünflügelara den zweitgrößten Papagei stellen. Die Länge des Schwanzes nimmt bei all diesen Arten etwa die Hälfte der Gesamtlänge ein. Bis auf die Arten der Blauaras besitzen alle Spezies eine nackte, teilweise mit Federnstreifen besetzte Wangenregion.

Die Verbreitung der Aras erstreckt sich auf Regionen, die von N-Mexiko bis nach N-Argentinien und S-Brasilien reichen. Die 17 (16) rezenten Araarten werden auf Grund ihrer Merkmale 6 Gattungen zugeordnet, wobei die Gattung der Eigentlichen Aras 8 Arten aufnimmt.

Hyazinthara

Anodorhynchus hyacinthinus

Verbreitung: SW-Brasilien.
Beschreibung: Größe etwa 100 cm.

Männchen und Weibchen überwiegend dunkelblau gefärbt; Schwingen- und Schwanzunterseite schwarz; nackter Hautstreifen an der Unterschnabelwurzel sowie nackter Augenring gelb; Schnabel schwarz. Jungtiere haben einen kleineren Schnabel.

Der imposanteste Papagei, der Hyazinthara, wird durch die rigorose Veränderung seines Lebensraumes immer mehr verdrängt, so dass sich sein ehemals flächenmäßig großes Verbreitungsgebiet immer mehr verkleinert.

Hyazintharas leben paarweise, im Familienverband oder in Gruppen, die selten mehr als 10 Tiere umfassen.

Offene Wälder, Baumgruppen entlang von Flussläufen, Überschwemmungswälder (z. B. Pantanal) und Burutisais (Palmenhaine) sind ihr Lebensraum.

Die Paare leben sehr eng beisammen, so beim Fressen, sich Putzen, Ruhen

Nachstehende Arten gehören den sechs Gattungen der Aras an:

WA I		gängiger Name	wissenschaftlicher Name	Unterarten
●	❊	Hyazinthara	*Anodorhynchus hyacinthinus*	
●		Meerblauer Ara	*Anodorhynchus glaucus (vermutlich ausgestorben)*	
●		Learara	*Anodorhynchus leari*	
●		Spixara	*Cyanopsitta spixii (im Lebensgebiet vermutlich ausgestorben)*	
		Rotbauchara	*Orthopsittaca manilata*	
●		Blaukopfara	*Propyrrhura couloni*	
●		Rotrückenara	*Propyrrhura maracana*	
		Goldnackenara	*Propyrrhura auricollis*	
		Hahns Zwergara	*Diopsittaca nobilis*	3
	❊	Gelbbrustara	*Ara ararauna*	
●		Blaulatzara	*Ara glaucogularis*	
●		Kleiner Soldatenara	*Ara militaris*	4
●		Großer Soldatenara	*Ara ambigua*	2
●		Rotohrara	*Ara rubrogenys*	
	❊	Rotbugara	*Ara severa*	2 (?)
		Dunkelroter Ara	*Ara chloroptera*	
●		Hellroter Ara	*Ara macao*	2

● = in Anhang I des Washingtoner Artenschutzabkommens aufgenommene Art.
❊ = im Buch vorgestellte Art.

und Schlafen. Selbst während des Fluges ist ihr Abstand zueinander so gering, dass sich ihre Flügel beinahe berühren.

Hyazintharas sind sehr neugierig. So beobachten sie in ihr Revier eindringende Menschen mit größtem Interesse und fliegen erst dann auf, wenn man unter dem Baum steht, auf dem sie sitzen.

Der Hyazinthara soll in dieser Übersicht nur deswegen vorgestellt werden, weil er der interessanteste und durch seine Größe und Gefiederfärbung beeindruckendste Papagei ist. Ein solcher Papagei sollte niemals als Käfig- oder Ständervogel im Haus gehalten werden, diese seltenen Tiere darf man nur paarweise in große Flugvolieren unterbringen. Selbst-

Der Hyazinthara ist der größte Papagei. Die rigorose Vernichtung seines Lebensraumes führte zu einer bedrohlichen Abnahme des Bestandes, wobei er in vielen Gebieten seiner ehemaligen Verbreitung bereits ausgestorben ist.

verständlich muss dann ihre Behausung äußerst stabil sein, denn mit ihren großen, schaufelartigen Schnäbeln und ihrer außerordentlichen Kraft sind sie in der Lage, nahezu alles in seine Einzelteile zu zerlegen. Am meisten beeindruckt immer wieder, wie sie Paranüsse öffnen. Es ist für sie eine Kleinigkeit, diese Nüsse, die kaum mit einem Hammerschlag aufzubrechen sind, zu knacken.

Ihre Rufe erinnern an das Trompeten von Elefanten, zwar nicht von der Tonlage her, aber umso mehr in ihrer Lautstärke. Verständnisvolle Nachbarn sind daher eine notwendige Voraussetzung für die Haltung von Hyazintharas.

Gelbbrustara
(Ararauna)
Ara ararauna

Verbreitung: In großen Gebieten von Südamerika, von O-Panama südwärts bis Paraguay, N-Argentinien und S-Brasilien.
Beschreibung: Größe etwa 88 cm.

Männchen und Weibchen auf der Oberseite blau, auf der Unterseite gelb gefärbt; nackte Wange mit kleinen schwarzen Federreihen durchzogen; Kehle schwarz; Unterschwanzdecken blau; Schnabel schwarz; Iris gelblich.

Jungtiere gleichen den Altvögeln, haben aber eine braune Iris.

Der Gelbbrustara ist großflächig im nördlichen und mittleren Südamerika verbreitet. Er ist ein typischer Vogel des tropischen Waldes und der feuchten Waldrandgebiete. Sein Lebensraum wird durch extremen landwirtschaftlichen Landverbrauch und durch intensiven Holzschlag immer mehr eingeengt. So ist der Ara heute in vielen Regionen seiner ehemaligen Verbreitung gar nicht mehr präsent, obwohl er vor einigen Jahren dort noch in großer Anzahl vertreten war.

Araraunas leben in Familienverbänden und kleinen Gruppen und vergesellschaften sich oft mit anderen Araarten (*Ara* spp.). Der Zusammenhalt der Paare ist stark, so dass die Partner stets eng beisammen sind.

Gelbbrustaras ernähren sich von den Früchten des Waldes, vor allem von Feigen und Früchten der Mauritia-Palme.

Hoch gelegene Höhlen in großen Bäumen dienen als Nistplatz. Das Weibchen legt meist 2 Eier und bebrütet diese alleine. Das Männchen versorgt es während der Brutzeit und in den ersten Tagen der Nestlingszeit der Jungen mit Nahrung. Danach beteiligt sich das Weibchen wieder an der Nahrungssuche, und beide Elternteile ziehen gemeinsam ihren Nachwuchs auf.

Die südamerikanischen Naturvölker halten in ihren Haus- und Dorfgemeinschaften seit Jahrhunderten Papageien.

Dieser abgebildete Gelbbrustara ist ein gerade vier Monate altes Jungtier, welches noch auf die Nahrungsversorgung durch seine Eltern angewiesen ist.

Amazonen (*Amazona* spp.) und Aras, besonders der Gelbbrustara, sind bei ihnen besonders beliebt. Die Indianer nehmen die jungen Papageien aus dem Nest (jede Familie besitzt einen eigenen Brutbaum) und ziehen sie mit vorgekautem Brei auf. Die Papageien werden ganz frei gehalten, entfliegen aber niemals, da sie äußerst zahm sind.

Seit Jahrzehnten werden Gelbbrustaras in jedem Zoologischen Garten ausgestellt und wurden so zu einer der bekanntesten Großpapageienarten.

Früher und gelegentlich auch heute noch, gelangen von Indianern aufgezogene Araraunas in den Tierhandel. Solche Vögel sind natürlich äußerst zahm und sehr auf den Menschen geprägt. Wer ein solches Tier erwirbt, wird sich an dessen Zuneigung besonders erfreuen können.

Araraunas sind relativ gute Sprecher. Kaum ein anderes Mitglied aus ihrer Gattung zeigt eine solche Begabung, dennoch lernen die Araraunas meist nur wenige Worte.

Gelbbrustaras sind sehr agile Papageien, sie brauchen viel Platz zum Klettern. Eine ständige Unterbringung in einem Käfig ist nicht empfehlenswert, man muss dem Vogel einen Freisitz, an Sommertagen im Garten einrichten.

Grünflügelara

(Dunkelroter Ara)
Ara chloroptera

Verbreitung: In großen Teilen Südamerikas, von O-Panama südwärts bis N-Argentinien, Paraguay und S-Brasilien.
Beschreibung: Größe etwa 90 cm.

Männchen und Weibchen überwiegend rot gefärbt; Schwingen blau, Flügeldecken grün; Ober- und Unterschwanzdecken blau; nackte Wangenregion mit feinen roten Federstreifen durchzogen; Oberschnabel hornfarben, Unterschnabel schwarz; Iris gelb.

Jungtiere gleichen den Altvögeln, haben aber eine braune Iris. Ganz junge Tiere haben einen fleckigen Unterschnabel.

Der Grünflügelara ist neben dem Gelbbrustara *(Ara ararauna)* der dominierende Großpapagei Südamerikas. Jedoch ist er in vielen Regionen seines Verbreitungsgebietes durch den rigorosen Landverbrauch gefährdet. Wie seine Gattungsgenossen liebt auch er die Gesellschaft und schließt sich zu kleineren Gruppen zusammen. Er vereinigt sich mit anderen Araarten, so dass es oft zu recht bunten Gesellschaften kommt.

Seine Nahrung besteht großteils aus sehr hartschaligen Früchten und Samen, die er mit seinem gewaltigen Schnabel spielend öffnet.

Bei den Grünflügelaras kommt es je nach Verbreitungsgebiet zwischen November und März zum Brüten. Nach einer Brutzeit von 28 Tagen schlüpfen die nackten, blinden Jungen, die etwa 3 Monate zum Flüggewerden brauchen.

Der Grünflügelara ist in seinem Wesen ein sehr liebenswürdiger Zimmergenosse, der recht schnell zahm wird und auch einige Worte sprechen lernt. Ich hielt einmal einen zahmen Grünflügelara gemeinsam mit Araraunas *(Ara ararauna)*, Arakangas *(Ara macao)* und einem Großen Soldatenara *(Ara ambigua)* in einer Gemeinschaftsvoliere. Der Grünflügelara war der ruhende Pol in der kleinen Gruppe. Sobald zwischen den anderen Voliereninsassen ein Streit um ein Stück Apfel oder einen besseren Sitzplatz entstand, schob er sich als Friedensstifter dazwischen, und jedes Mal gelang es ihm, die Streithähne zu besänftigen.

Der Grünflügelara ist mit einer Länge von 90 cm der zweitgrößte Papagei. Wie seine verwandten Arten aus der Gattung liebt er die Geselligkeit.

Inzwischen gibt es in Deutschland einige Papageienhalter, denen die Zucht mit Grünflügelaras gelang, und so besteht heute die Möglichkeit, in den Besitz eines eben flügge gewordenen Jungtieres zu kommen.

Rotbugara
(Severaara, Severa)
Ara severa

Verbreitung: Nördliches Südamerika von N-Brasilien westlich bis Panama, -Peru und NO-Bolivien.

Dieser Rotbugara wurde beim Mittagsschläfchen überrascht. Das eingezogene Füßchen ist typisch für einen ruhenden Papagei.

Beschreibung: Größe etwa 46 cm.

Männchen und Weibchen grün; Stirn braun; Flügelbug, Flügelrand und Flügeldecken rot; nackte Wangenregion mit schwarzen Federreihen durchzogen; Schnabel schwarz; Iris rotbraun.

Jungtiere wie Altvögel, Iris jedoch braun.

Der Rotbugara, ein kleinerer Vertreter aus der Gattung, ist ein Bewohner tropischer Tiefländer. Sein Tagesablauf gleicht dem verwandter Arten. So nutzt er gemeinschaftliche Übernachtungsplätze. Den Tag verbringt er in kleinen Gruppen bei der Nahrungssuche.

Seine Grünfärbung ist eine gute Tarnung, allerdings lenkt er wegen seines Geschreis die Aufmerksamkeit auf sich. Der Ornithologe P. Roth informierte mich über seine Beobachtungen im Rio-Aripuana-Gebiet im nördlichen Mato Grosso. Er entdeckte in einem Paranussbaum, in etwa 28 m Höhe, eine Höhle, die von Rotbugaras besetzt war. Der Baum hatte in dieser Höhe noch einen Durchmesser von 150 cm. Am 24. Dezember 1978 wurde der Baum bestiegen und der Brutplatz untersucht. In der Nisthöhle befanden sich zwei Junge und ein beschädigtes Ei. Im selben Baum befanden sich Baumtermitennester, in deren Höhlen kurz zuvor einige Paare Goldflügelsittiche *(Brotogeris chrysopterus)* ihre Nistplätze eingerichtet hatten. Ein nur 1,2 m von der Arahöhle entferntes Baumloch wurde kurze Zeit später von einem Paar Pavuasittiche *(Aratinga leucophtalmus)* bezogen. In einträchtiger Harmonie zogen die Brutpaare ihre Jungen erfolgreich auf.

Ich konnte bereits mehrere Rotbugaras pflegen und stellte dabei fest, dass diese kleinen Papageien schnell zutraulich werden und nur ganz selten von ihrer lauten Stimme Gebrauch machen. Ein Rotbugara zeigte sich sehr sprachbegabt, hatte etliche spanische Worte in seinem Repertoire und lernte schnell noch einige deutsche Worte dazu. Ich betrachte diese kleinen Aras als sehr angenehme Stubengenossen, die einem viel Freude bereiten können.

Obwohl Rotbugaras zu den kleineren Vertretern der Ara-Gruppe gehören, erreichen sie mit ihrem langen Schwanz eine Größe von knapp einem halben Meter. Zum Fliegen brauchen sie viel Bewegungsraum.

Vereine und Zeitschriften

Alljährliche präsenteren die in Gemeinden und Städten ansässigen Vogelzuchtvereine ihre Vogelschauen. In der Regel finden diese Ausstellungen im Oktober statt, teilweise auch im November und Dezember. In der Regel sind es Vogelzüchter, die in besonders hergericheten Schaukäfigen ihre erfolgeichen Zuchttiere mit dem diesjährigen Nachwuchs ausstellen. Andere zeigen Ziervögel, die einem gewissen Standard unterliegen und von Preisrichtern bewertet werden. Dem interessierten Neuling auf dem Gebiet der Papageienhaltung bietet sich hier die Möglichkeit, Vögel aus nächster Nähe zu betrachten, und was ebenfalls sehr wichtig ist, Fragen direkt an die Züchter richten zu können. Ein weiterer Vorteil ist der, dass man meistens zu einem günstigen Preis ein junges, in Deutschland gezüchtetes Tier erwerben kann.

Die größte deutsche Organisation für Vogelliebhaber ist die „Vereinigung für Artenschutz, Vogelhaltung und Vogelzucht (AZ) e.V." mit Sitz in Mosbach. Die „AZ" hat bundesweit über 20000 Vogelliebhaber als Vereinsmitglieder und unterhält in sehr vielen Orten so genannte Ortsgruppen. Die von ihr monatlich herausgegebenen Mitteilungen „AZ-Nachrichten (AZN)" informiert über das Vereinleben sowie über die Erfolge und Misserfolge (aus denen ja ebenfalls viel gelernt werden kann) der Vogelliebhaber und -züchter. Nähere Auskünfte erteilt die Geschäftsstelle der AZ (Geschäftsstelle Helmut Uebele, Postfach 1168, 71501 Backnang).

Über die Papageienhaltung und -zucht, aber auch über das Vorkommen und die Lebensweisen der Tiere in ihren natürlichen Lebensräumen berichten die regelmäßig erscheinenden Vogelzeitschriften. Papageienhaltern, die mehr über ihre Pfleglinge erfahren möchten, wird in vielerlei Hinsicht ein Fachblatt von großem Nutzen sein. Eine informative und traditionsreiche Zeitschrift ist die seit über 100 Jahren erscheinende „Die Gefiederte Welt", in der alle Belange der Vogelhaltung ausführlich behandelt werden und in der viele aktuelle Informationen zu finden sind.

Gefiederte Welt
Eugen Ulmer GmbH & Co.
Postfach 70 05 61, 70574 Stuttgart

Papageien
Arndt Verlag
Brückenfeldstr. 28, 75015 Bretten

WP Magazin
Arndt Verlag
Brückenfeldstr. 28, 75015 Bretten

Der Vogelfreund
Hanke Verlag GmbH
Amrichshäuser Str. 88, 74653 Künzelsau

Gefiederter Freund
Exotis Schweiz / Hugo Götti
Rebenstr. 9, CH-9320 Arbon

Literatur

Aeckerlein, W. (1993): Die Ernährung des Vogels. Ulmer Verlag, Stuttgart.

Albrecht, E. (2003): Käfig- und Volierenbau. Endeavour-Verlag, Kirchhundem.

Arndt, T. (1990–1996): Lexikon der Papageien. Vol. 1–4. Arndt-Verlag, Bretten.

Becker, G. (1987): Der Graupapagei. Müller Verlag, Bomlitz.

Bielfeld, H. (1999): Grassittiche. Ulmer Verlag Stuttgart.

Brockmann, J. (1993): Agaporniden. Ulmer Verlag, Stuttgart

Bundesministerium für Ernährung, Landwirtschaft und Forsten (1995): Gutachten über die Mindestanforderungen an die Haltung von Papageien. Bonn.

de Grahl, W. (1990): Papageien. Ulmer Verlag Stuttgart.

de Grahl, W. (1991): Der Graupapagei. Ulmer Verlag, Stuttgart.

Diefenbach, K. (1982): Kakadus. Müller Verlag, Bomlitz.

Ehlenbröker, J. & R. u. E. Lietzow (1997): Rotsteißpapageien. Eigenverlag, Eickum/Enger.

Fergenbauer-Kimmel, A. (1992): Großschnabel-, Rotachsel- und Edelpapageien. Müller Verlag, Bomlitz.

Forshaw, J. M. (1989): Parrots of the World. Blandford Press, London.

Forshaw, J. M. (2006): Parrots of the World – an identification guide. Princeton Univ. Press, Prenton.

Higgens, P. J. (Hrg.) (1999): Handbook of Australian, New Zealand & Atlantic Birds. Vol. 4. Oxford Univ. Press, Melbourne

Hirt, J. (2003): Schulungsordner Vögel. BNA e.V., Hambrücken.

Hoppe, D. (1983): Aras. Ulmer Verlag, Stuttgart.

Hoppe, D. (1986): Kakadus. Ulmer Verlag, Stuttgart.

Hoppe, D. (1992): The World of Amazon Parrots. T.F.H. Publ., Neptune City.

Hoppe, D. u. P. Welcke (2006): Langflügelpapageien. Ulmer Verlag, Stuttgart.

Hoyo, J. d. et al (1997): Handbook of the Birds of the World. Vol. 4. Lynx Edicions, Barcelona.

Immelmann, K. (1983): Im Land der Papageien und Sittiche. Ulmer Verlag, Stuttgart.

Immelmann, K. u. D. Vogels (1989): Australische Plattschweifsittiche. Neue Brehm Bücherei, Magdeburg.

Juniper, T. u. M. Parr (1998): Parrots. Pica Press, Sussex.

Kolar, K. u. K. H. Spitzer (1995): Großsittiche. Ulmer Verlag, Stuttgart.

Künne, H.-J. (2000): Die Ernährung der Papageien und Sittiche. Arndt-Verlag, Bretten.

Lantermann, W. (1999): Papageienkunde. Parey, Berlin.

Lepperhoff, L. (2004): Aras. Ulmer Verlag, Stuttgart.

Pagel, T. jr. (1998): Loris – Pinselzungenpapageien. Ulmer Verlag, Stuttgart.

Radtke, G. A. (1998): Nymphensittiche. Ulmer Verlag, Stuttgart.

Robiller, F. (1991): Papageien, Band 1. Deutscher Landwirtschaftsverlag, Berlin.

Robiller, F. (1997): Papageien, Band 2. Ulmer Verlag, Stuttgart.

Spitzer, K. H. (1992): Sperlingspapageien. Ulmer Verlag, Stuttgart.

Strunden, H. (1984): Papageien einst und jetzt. Müller Verlag, Bomlitz.

Register

Seitenzahlen mit * verweisen auf Abbildungen

Bildquellen

H. Bielfeld: S. 63
T. Brosset: S. 94, 109, 111
H. Dossenbach: S. 2, 6, 68 links, 70, 106
W. de Grahl: S. 80, 110, 111
Jacobsen/Hoppe: S. 95
H. Reinhard: S. 62, 72, 73, 75, 83, 87, 88, 92, 103, 114
C. Scholtz: S. 100

Umschlagfotos:
Titelfotos groß: Horst Mayer, Walldorf; kleines Titelfoto und Umschlagrückseite rechts: Karl-Heinz Lambert, Schafflund; Umschlagrückseite links: Horst Bielfeld, Jameln.

Alle übrigen Fotos stammen vom Autor

Bibliografische Information der Deutschen Nationalbibliothek

Die Deutsche Nationalbibliothek verzeichnet diese Publikation in der Deutschen Nationalbibliografie; detaillierte bibliografische Daten sind im Internet über http://dnb.d-nb.de abrufbar.

Wollgrasweg 41, 70599 Stuttgart (Hohenheim)
E-Mail: info@ulmer.de
Internet: www.ulmer.de
Umschlagentwurf: Bettina Bank, Heidelberg
Lektorat: Ulrich Commerell, Dr. Eva-Maria Götz
Herstellung: Rebecca Barth
Druck und Bindung: Firmengruppe APPL, aprinta druck, Wemding
Printed in Germany

ISBN 978-3-8001-5566-8